· 四川大学精品立项教材 ·

钢铁冶金过程仿真实训

GANGTIE YEJIN GUOCHENG FANGZHEN SHIXUN

顾武安　编

四川大学出版社

责任编辑:唐　飞
责任校对:李思莹
封面设计:墨创文化
责任印制:王　炜

图书在版编目(CIP)数据

钢铁冶金过程仿真实训 / 顾武安编. —成都：四川大学出版社，2014.12
ISBN 978-7-5614-8209-4

Ⅰ.①钢…　Ⅱ.①顾…　Ⅲ.①钢铁冶金-冶金过程-计算机仿真　Ⅳ.①TF4-39

中国版本图书馆 CIP 数据核字（2014）第 285573 号

书名　**钢铁冶金过程仿真实训**

编　者　顾武安
出　版　四川大学出版社
地　址　成都市一环路南一段 24 号 (610065)
发　行　四川大学出版社
书　号　ISBN 978-7-5614-8209-4
印　刷　四川永先数码印刷有限公司
成品尺寸　185 mm×260 mm
印　张　4.75
字　数　112 千字
版　次　2014 年 12 月第 1 版
印　次　2020 年 8 月第 2 次印刷
定　价　15.00 元

◆读者邮购本书,请与本社发行科联系。
电话:(028)85408408/(028)85401670/
(028)85408023　邮政编码:610065
◆本社图书如有印装质量问题,请
寄回出版社调换。
◆网址:http://press.scu.edu.cn

前　言

从广义上讲，钢铁冶金过程仿真实训就是数学模拟。然而，从狭义来说，钢铁冶金过程仿真实训就是综合利用计算机图形学、光电成像技术、传感技术、计算机仿真、人工智能等，结合钢铁冶金工艺创建一个具有视、听、触等感知的、逼真的虚拟现实平台，同时借助交互设备与虚拟环境中的实体进行交互，产生等同于真实物理环境的体验和感受，达到熟悉钢铁冶金过程的目的。

本书采用山东星科智能科技有限公司钢铁冶金过程仿真实训软件，是虚拟现实和增强现实技术在钢铁冶金教育培训方面的具体应用，适应现代钢铁企业和院校培训的一套虚拟仿真实训系统，能够帮助钢铁企业培训和培养人才，持续提高从业人员素质，是名副其实的钢铁冶金工艺教育和培训工具。

本书包括 3 章内容。第 1 章铁水预处理仿真实训，重点介绍铁水预处理仿真实训系统功能、系统运行、系统操作说明和操作流程四方面的内容；第 2 章转炉炼钢仿真实训，重点介绍转炉炼钢仿真实训系统功能、系统运行、系统操作说明和操作流程四方面的内容；第 3 章连铸仿真实训，重点介绍连铸仿真实训系统功能、系统运行、系统操作说明和操作流程四方面的内容。

在本书的编写过程中，参考了国内外有关书籍和资料，尤其是山东星科智能科技有限公司铁水预处理、转炉炼钢和连铸仿真实训说明书和软件，在此谨向有关作者致以深深的谢意。

编　者

2014 年 9 月

目 录

第 1 章　铁水预处理仿真实训

1.1　铁水预处理仿真实训系统功能简介

铁水预处理仿真实训系统配合声音、图像、动画及互动视景设备，帮助学员在实际操作转炉前熟悉铁水预处理工艺流程。通过反复练习铁水预处理模拟操作，缩短培训时间，有效弥补无法真实操作、实际操作铁水预处理时容易出现事故等缺陷，达到熟能生巧、提高培训效率的目的。

如图 1.1 所示的铁水预处理仿真实训系统，根据培训内容进行虚拟处理，再现实际工作中无法观察到的设备现象或设备动作的变化过程，提供生动、逼真的感性学习，通过将抽象的概念、理论直观化和形象化，解决学习中的知识难点。无论知识学习、能力创新，还是经验积累、技能训练，学员都能获得良好效果。

图 1.1　铁水预处理示意图

1.2 铁水预处理仿真实训系统运行

1.2.1 软件运行环境

操作系统 Windows 2000/XP/2003，内存 1G，Pentium 4 CPU 3.0GHz，硬盘空间 80G，独立显卡 256MB 显存，显卡支持 Microsoft DirectX 9.0C SDK 软件。

1.2.2 软件运行

先检查所有线路是否接好，网络通信是否畅通，加密狗是否安装好，待一切正常后，再打开铁水预处理仿真实训系统虚拟界面，然后打开铁水预处理仿真实训系统操作界面。

1.2.3 软件运行注意事项

本系统只适合在 1024×768 的分辨率下运行，其他分辨率下系统运行不正常。

1.3 铁水预处理仿真实训系统操作说明

1.3.1 虚拟设备

铁水预处理涉及的主要设备包括鱼雷罐车、铁水运输车及铁水罐、扒渣机和搅拌器，分别如图 1.2～图 1.5 所示。

图 1.2 鱼雷罐车

图 1.3 铁水运输车及铁水罐

图 1.4 扒渣机

图 1.5 搅拌器

1.3.2 虚拟界面键盘操作说明

虚拟界面键盘操作功能见表 1.1。

表 1.1　虚拟界面键盘操作功能

按　键	功　能
F1	视角 1
F2	视角 2
F3	视角 3
Up（↑）	视线向上
Down（↓）	视线向下
Left（←）	视线向左
Right（→）	视线向右

1.3.3　设备操作

从登录系统界面登录进入主界面后，可以醒目地看到主功能的模块按钮。通过点击各界面按钮，进入不同的界面，然后进行相应的操作。

1.3.4　登录系统

双击执行程序的图标或者右击鼠标点击“打开”，启动本系统。输入正确的学号、姓名及密码，进入本程序。

1.3.4.1　计划选择

计划选择界面如图 1.6 所示。进入主程序后，点击【实训练习项目】⟶【炼钢项目】⟶【铁水预处理控制】，会弹出如图 1.6 所示的计划选择窗口，选择要练习的项目，点击【确定】按钮进入铁水预处理主界面，点击【关闭】按钮退出铁水预处理程序。

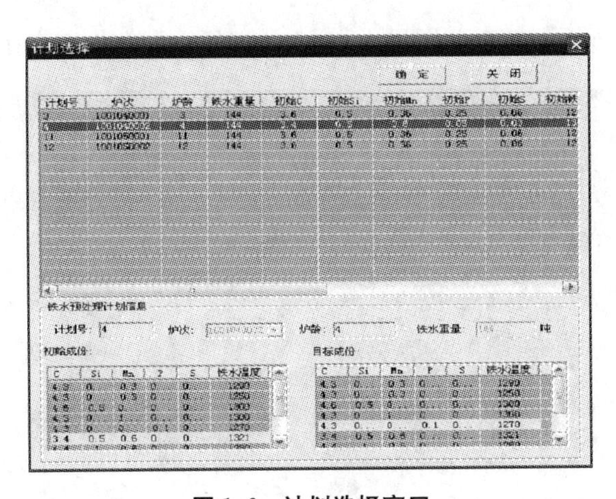

图 1.6　计划选择窗口

1.3.4.2　计划选择注意事项

(1) 如果运行可执行程序前未打开数据库，或者网络连接有问题，则会出现如图

1.7 所示的数据库连接失败的提示。通过检查网络连接是否正确，数据库是否已经打开，来排除故障。

（2）如果加密狗没有启动，或配置不正确，则会出现如图 1.8 所示的加密狗读取失败的提示，点击【确定】按钮后，退出程序。

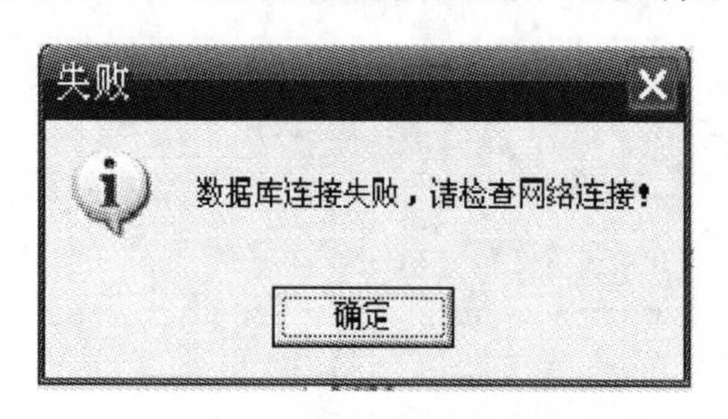

图 1.7　数据库连接失败提示界面

图 1.8　加密狗读取失败提示界面

（3）如果手柄没有连接或连接不正确，或是所用的串口已经打开，则会出现如图 1.9 所示的串口打开失败的提示。

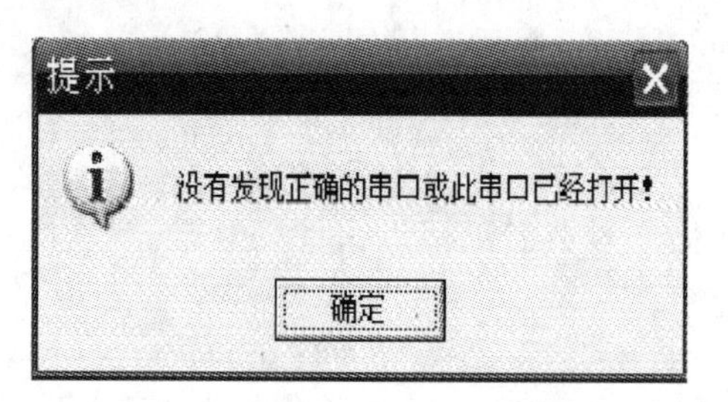

图 1.9　串口打开失败提示界面

1.3.5　铁水预处理操作界面

1.3.5.1　主操作画面

点击【主操作画面】按钮，即进入如图 1.10 所示的软件主操作界面。

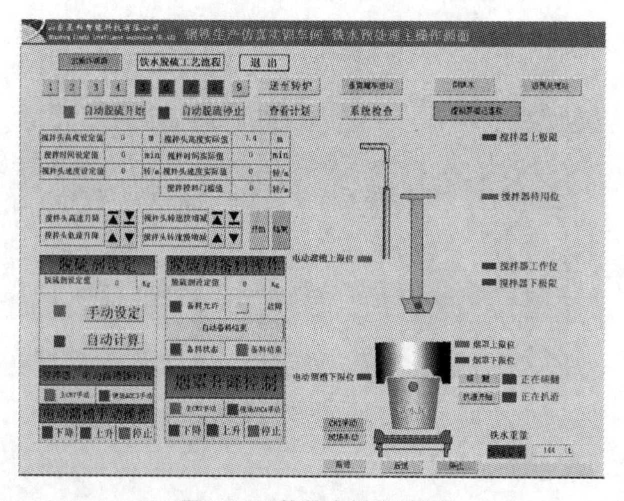

图 1.10　软件主操作界面

1.3.5.2　虚拟界面连接操作

（1）虚拟界面连接中：如果虚拟界面连接中，可看到在【系统检查】按钮右边，有一个为虚拟界面连接中的标志，若点击其按钮，则会出现如图 1.11 所示的虚拟界面连接中的提示。

（2）虚拟界面已连接：如果虚拟界面已连接，可看到在【系统检查】按钮右边，有一个为虚拟界面已连接的标志，若点击其按钮，则会出现如图 1.12 所示的虚拟界面已连接的提示。

（3）虚拟界面未连接：如果虚拟界面未连接，可看到在【系统检查】按钮右边，有一个为虚拟界面未连接的标志，此时，可点击虚拟界面未连接，进入虚拟界面连接中。如果连接一段时间后仍未连接上，则会出现如图 1.13 所示的虚拟界面连接失败的提示，点击【重试】按钮，将再次进入虚拟界面连接中，点击【取消】按钮，则不再连接虚拟界面，直到配置好环境后，自己手动点击虚拟界面未连接，进行虚拟界面连接。

图 1.11　虚拟界面连接中提示界面

图 1.12　虚拟界面已连接提示界面

图 1.13　虚拟界面连接失败提示界面

1.3.5.3　脱硫系统

（1）脱硫开始：进入软件主界面后，脱硫系统就为开始状态。

（2）脱硫停止：点击自动脱硫停止按钮，则弹出如图 1.14 所示的提示，点击【确定】按钮，脱硫系统停止，弹出如图 1.15 所示的成分报告窗口，本炉次脱硫结束。

图 1.14　脱硫结束提示界面

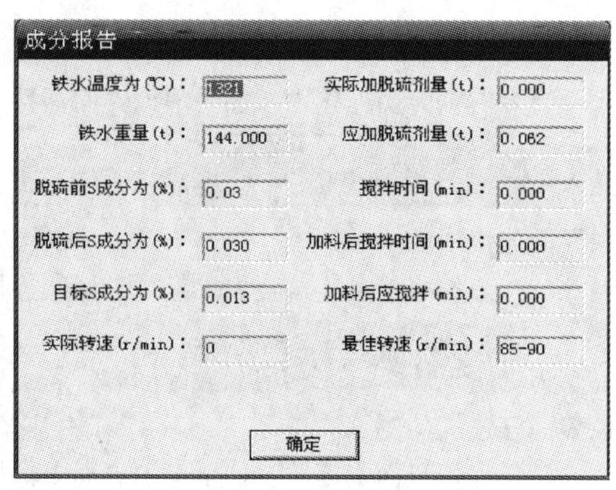

图 1.15　成分报告窗口

1.3.5.4　准备操作

(1) 系统检查：点击【系统检查】按钮，弹出如图 1.16 所示的窗口，选中检查项目，点击【确定】按钮，进行检查结果提交。

(2) 鱼雷罐车进站：点击【鱼雷罐车进站】按钮，鱼雷罐车进站。

(3) 倒铁水：点击【倒铁水】按钮，倒铁水，如果此时未进行检查，未通过，则会弹出如图 1.17 所示的提示；如果此时鱼雷罐车未进站，则会弹出如图 1.18 所示的提示。

(4) 进预处理站：点击【进预处理站】按钮，钢包车将进预处理站，如果此时未倒铁水，则会弹出如图 1.19 所示的提示。

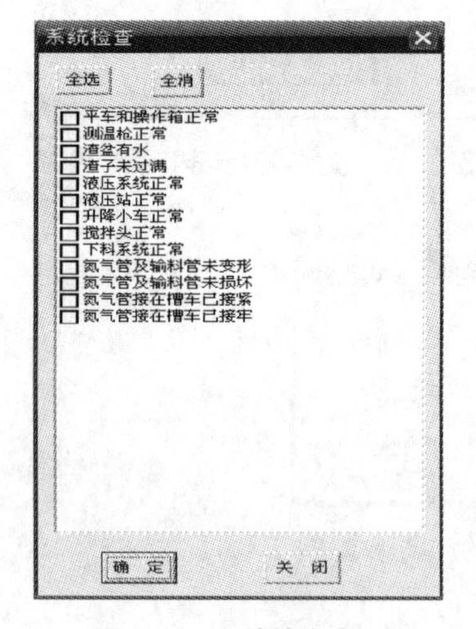

图 1.16　系统检查窗口

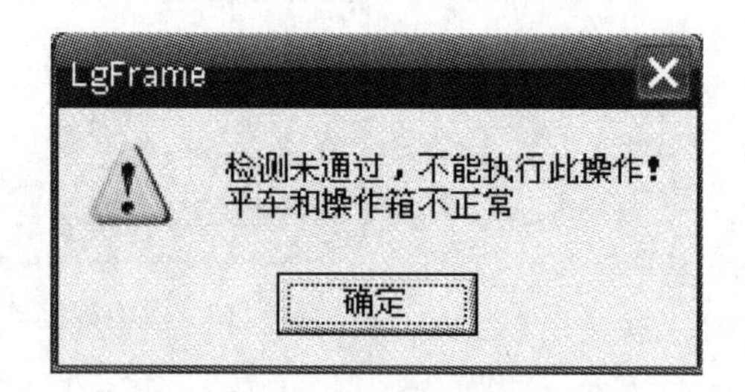

图 1.17　检查未通过提示界面

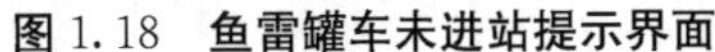
图1.18　鱼雷罐车未进站提示界面

图1.19　未倒铁水提示界面

1.3.5.5　烟罩操作

（1）操作模式：点击【主CRT手动】按钮，切换到CRT手动控制中，显示状态为 主CRT手动 现场AOC4手动，通过下面的按钮进行控制。点击【现场AOC4手动】按钮，切换到现场控制中，显示状态为 主CRT手动 现场AOC4手动，不可以通过下面的按钮进行控制，只能通过手柄进行控制。

（2）上升：点击【上升】按钮，烟罩开始上升，同时显示状态为 下降 上升 停止，上升到限位后，显示为 下降 上升 停止，同时烟罩上限位显示为绿色。

（3）下降：点击【下降】按钮，烟罩开始下降，同时显示状态为 下降 上升 停止，下降到限位后，显示为 下降 上升 停止，同时烟罩下限位显示为绿色。

（4）停止：点击【停止】按钮，烟罩停止所运行的动作，同时显示状态为 下降 上升 停止。

1.3.5.6　电动溜槽操作

（1）操作模式：点击【主CRT手动】按钮，切换到CRT手动控制中，显示状态为 主CRT手动 现场AOC3手动，通过下面的按钮进行控制。点击【现场AOC3手动】按钮，切换到现场控制中，显示状态为 主CRT手动 现场AOC3手动，不可以通过下面的按钮进行控制，只能通过手柄进行控制。

（2）上升：点击【上升】按钮，电动溜槽开始上升，同时显示状态为 下降 上升 停止，上升到限位后，显示为 下降 上升 停止，同时电动溜槽上限位显示为绿色。

（3）下降：点击【下降】按钮，电动溜槽开始下降，同时显示状态为 下降 上升 停止，下降到限位后，显示为 下降 上升 停止，同时电动溜槽下限位显示为绿色。

（4）停止：点击【停止】按钮，电动溜槽停止所运行的动作，同时显示状态为■下降■上升■停止。

1.3.5.7 铁水罐车操作

（1）操作模式：点击【CRT 手动】按钮，切换到 CRT 手动控制中，显示状态为 CRT手动 现场手动，这时可以通过下面的按钮进行控制。点击【现场手动】按钮，切换到现场控制中，显示状态为 CRT手动 现场手动，不可以通过下面的按钮进行控制，只能通过手柄进行控制。

（2）前进：点击【前进】按钮，铁水罐车开始前进，同时前进状态显示为绿色，达到限位后停止，前进状态显示为红色，停止状态显示为绿色。

（3）后退：点击【后退】按钮，铁水罐车开始后退，同时后退状态显示为绿色，达到限位后停止，后退状态显示为红色，停止状态显示为绿色。

（4）停止：点击【停止】按钮，铁水罐车停止所做的动作，同时停止状态显示为绿色，前进与后退状态显示为红色。

1.3.5.8 搅拌器操作

（1）参数设定：分别点击搅拌器高度设定、速度设定、投料门槛值右边的输入框，弹出如图 1.20 所示的提示，录入相应的值。

图 1.20　数据输入提示界面

（2）开始：点击【开始】按钮，搅拌头开始搅拌，且搅拌时间开始计时，可以通过点击搅拌头高速升降、低速升降来调节搅拌头的高度，通过点击搅拌头的快增减、慢增减来调节搅拌头的转速。

（3）结束：点击【结束】按钮，搅拌头停止搅拌，搅拌时间停止计时。

(4) 高度调节：点击【搅拌头高速升降】右边的按钮可以使搅拌头高速上升，点击按钮可以使搅拌头高速下降；点击【搅拌头高速升降】右边的按钮可以使搅拌头低速上升，点击按钮可以使搅拌头低速下降。

(5) 转速调节：点击【搅拌头转速快增减】右边的按钮可以使搅拌头的转速快速增加，点击按钮可以使搅拌头的转速快速减小；点击【搅拌头转速快增减】右边的按钮可以使搅拌头的转速慢速增加，点击按钮可以使搅拌头的转速慢速减小。

(6) 扒渣：点击【扒渣开始】按钮，显示变为扒渣开始，可操作手柄来完成扒渣操作；点击【扒渣结束】按钮，显示变为扒渣结束，此时，操作手柄无效。

1.3.5.9　脱硫剂设定操作

(1) 手动设定：在手动设定模式中，可点击脱硫剂设定值右边的输入框进行设定。注意：脱硫剂设定值要小于备料值，否则会出现如图 1.21 所示的错误提示。

图 1.21　错误提示界面

(2) 自动计算：在自动计算模式中，程序会根据设定硫与目标硫自动计算出所需加料值。

1.3.5.10　脱硫剂设定操作注意事项

(1) 如果在现场 AOC3 控制中，操作电动溜槽中的【上升】、【下降】、【停止】按钮，则会出现如图 1.22 所示的提示。

(2) 如果在现场 AOC4 控制中，操作烟罩的【上升】、【下降】、【停止】按钮，则会出现如图 1.23 所示的提示。

(3) 如果烟罩不在下限位，点击搅拌器的【开始】按钮，则会出现如图 1.24 所示的提示。

(4) 如果在投料中，点击搅拌器的【结束】按钮，则会出现如图 1.25 所示的提示。

(5) 如果在现场控制中，操作铁水罐车的【前进】、【后退】、【停止】按钮，则会出现如图 1.26 所示的提示。

(6) 如果搅拌未开始，要调节搅拌头的转速，则会出现如图 1.27 所示的提示。

(7) 如果搅拌头的实际高度大于设定高度，在对搅拌进行上升操作时，则会出现如

图 1.28 所示的提示。

(8) 如果搅拌头的实际高度小于设定高度，在对搅拌进行下降操作时，则会出现如图 1.29 所示的提示。

图 1.22　现场 AOC3 控制不允许操作提示界面

图 1.23　现场 AOC4 控制不允许操作提示界面

图 1.24　烟罩不在下限位操作提示界面

图 1.25　投料中不能操作提示界面

图 1.26　现场控制不允许操作提示界面

图 1.27　搅拌未开始不能操作提示界面

图 1.28　实际高度大于设定高度不能上升操作提示界面

图 1.29　实际高度小于设定高度不能下降操作提示界面

1.3.6　铁水脱硫工艺流程界面

点击【铁水脱硫工艺流程】按钮，即可进入如图 1.30 所示的铁水脱硫工艺流程界面。

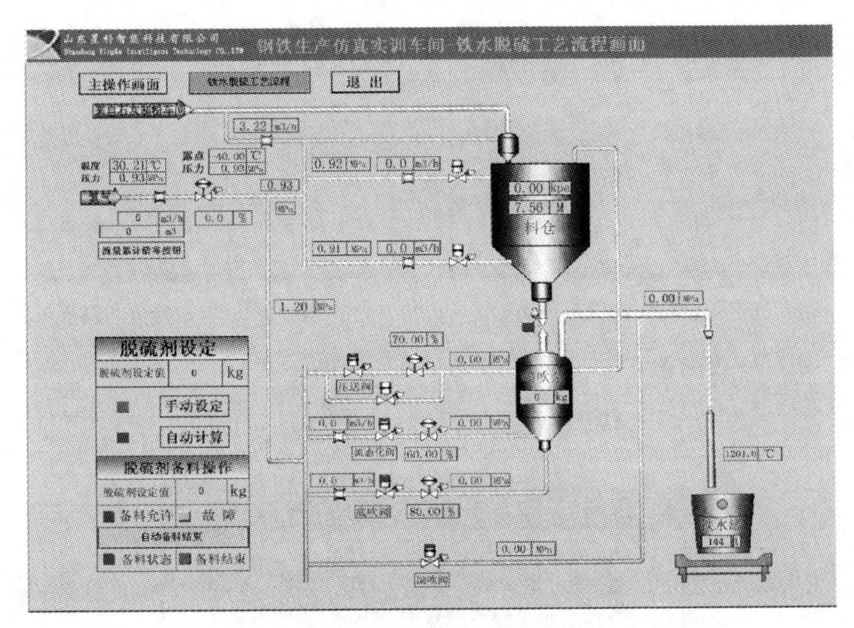

图 1.30　铁水脱硫工艺流程界面

1.3.6.1　投料操作

（1）脱硫剂备料操作：点击脱硫剂设定值右边的框，可以设定所需的值。点击备料开始按钮，开始进行备料，看到喷吹泵的值不断增加，直到达到设定的值。

（2）投料操作。

★投料开始：投料开始时，打开顺序依次为【助吹阀】⟶【底吹阀】⟶【流态化阀】⟶【压送阀】。如果顺序不对，会有前一阀门未打开的错误提示信息，如【助吹阀】未打开，如果点击打开【底吹阀】，则会出现如图 1.31 所示的提示。

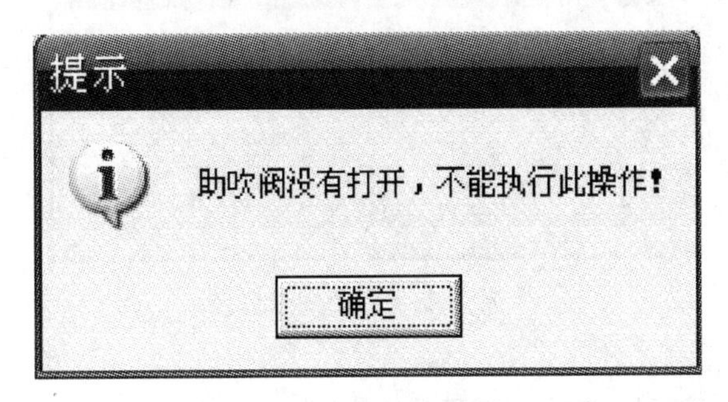

图 1.31　助吹阀没有打开提示界面

★投料结束：投料结束时，关闭顺序与打开顺序正好相反，为【压送阀】⟶【流态化阀】⟶【底吹阀】⟶【助吹阀】。如果前一阀门未关闭，也会出现错误提示，如【压送阀】未关闭，如果点击关闭【流态化阀】，则会出现如图 1.32 所示的提示。在关闭【压送阀】时，如果有未投完的料，会出现如图 1.33 所示的提示，点击【确定】按钮，投料结束，点击【取消】按钮，继续投料。

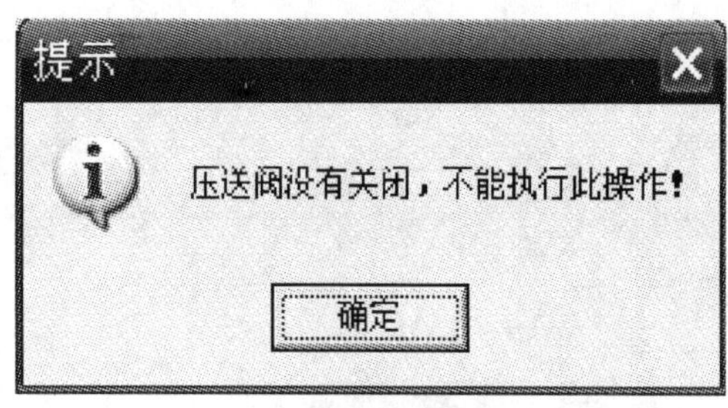

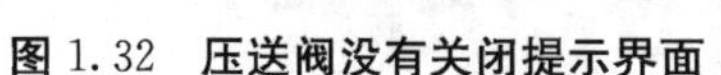
图 1.32　压送阀没有关闭提示界面

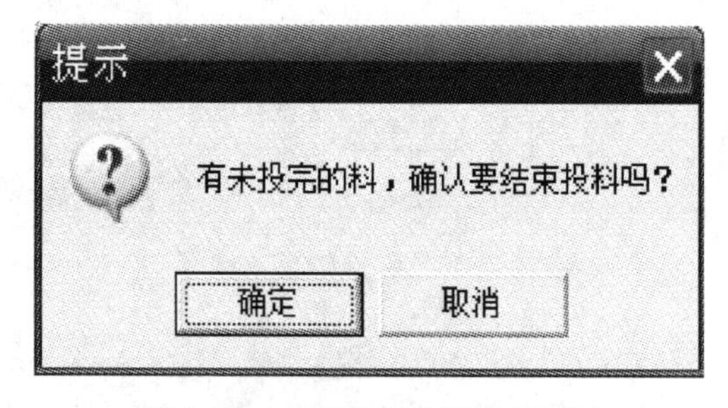

图 1.33　有未投完的料提示界面

1.3.6.2　投料操作注意事项

如果搅拌速度小于门槛速度，要进行投料，则会出现如图 1.34 所示的提示。

图 1.34　搅拌速度小于门槛速度提示界面

1.3.7　退出

点击【退出】按钮，则会出现如图 1.35 所示的提示；点击【确定】按钮，退出程序；点击【取消】按钮，则继续运行程序。

图 1.35　退出提示界面

1.4　铁水预处理仿真实训操作流程

1.4.1　登录

双击可执行程序的图标或者右击鼠标点击“打开”，可以启动本系统。输入正确学号、姓名及密码，进入本程序。

1.4.2　搅拌前准备工作

确认虚拟界面已连接，点击【系统检查】按钮进行系统检查，依次将鱼雷罐车进站，倒铁水，进预处理站，点击【前进】按钮，将铁水罐车进站，下降烟罩，下降电动溜槽，分别设定搅拌头的高度、搅拌时间、搅拌速度、门槛速度，进行脱硫剂备料。

1.4.3　搅拌操作

下降搅拌头至铁水液面，点击【开始】按钮进行搅拌，调节搅拌速度，使搅拌充分发挥作用，当搅拌速度超过门槛速度时，依次打开助吹阀、底吹阀、流态化阀、压送阀进行送料。下料将结束时，提高转速 1～5 r/min。投完料后，按与打开阀门相反的顺序关闭各阀门，提起溜槽。

1.4.4　扒渣操作

点击【倾翻】按钮，将铁水罐倾翻后点击【扒渣开始】按钮，开始进行扒渣，当扒完渣后，可点击【扒渣结束】按钮，结束扒渣，点击【复位】按钮，使铁水罐复位。

1.4.5　送至转炉操作

点击【送至转炉】按钮，将铁水罐后退出站，将搅拌后的钢包送至转炉，送至转炉后会弹出成分报告，本炉次操作结束。

第2章　转炉炼钢仿真实训

2.1　转炉炼钢仿真实训系统功能简介

转炉炼钢仿真实训系统配合声音、图像、动画及互动视景设备，帮助学员在实际操作转炉前熟练掌握转炉操作技能及熟悉转炉炼钢工艺流程。通过反复练习转炉炼钢模拟操作，缩短培训时间，有效弥补无法真实操作、实际操作转炉炼钢时容易出现事故等缺陷，达到熟能生巧、提高培训效率的目的。

转炉炼钢仿真实训系统根据培训内容进行虚拟处理，再现实际工作中无法观察到的设备现象或设备动作的变化过程，提供生动、逼真的感性学习，通过将抽象的概念、理论直观化和形象化，解决学习中的知识难点。无论知识学习、能力创新，还是经验积累、技能训练，学员都能获得良好效果。

2.2　转炉炼钢仿真实训系统运行

2.2.1　软件运行环境

操作系统 Windows 2000/XP/2003，内存 1G，Pentium 4 CPU 3.0GHz，硬盘空间 80G，独立显卡 256MB 显存，显卡支持 Microsoft DirectX 9.0C SDK 软件。

2.2.2　软件运行

先检查所有线路是否接好，网络通信是否畅通，加密狗是否安装好，待一切正常后，再打开转炉炼钢仿真实训系统虚拟界面，然后打开转炉炼钢仿真实训系统操作界面。

2.2.3　软件运行注意事项

系统运行时，一定要先打开虚拟界面，再打开操作界面，不然无法进行控制操作。本系统只适合在 1024×768 的分辨率下运行，其他分辨率下系统运行不正常。

2.3　转炉炼钢仿真实训系统操作说明

2.3.1　虚拟设备

首先进入如图2.1所示的转炉炼钢仿真实训系统虚拟界面，界面中可看到整个分为上、下两层的转炉炼钢车间，控制室在车间上层转炉正前方。转炉炼钢车间上层前方能够看到转炉、挡火门、看火门、运废钢天车和运铁水天车。转炉炼钢车间上层后方能够看到后炉门、挡渣小车和除尘系统，如图2.2所示。

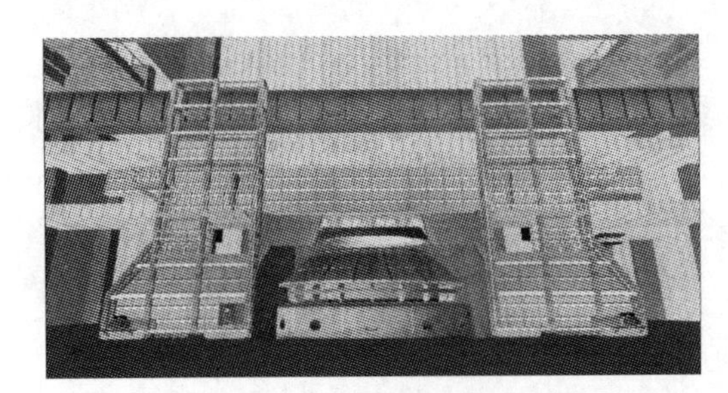

图2.1　转炉炼钢示意图

图2.2　转炉炼钢车间上层后方

如图2.3所示，转炉炼钢车间下层前方可看到渣车。如图2.4所示，转炉炼钢车间下层后方能够看到钢包车与钢包。

图2.3　渣车

图2.4　钢包车与钢包

2.3.2　虚拟界面键盘操作说明

转炉炼钢仿真实训系统虚拟界面键盘操作见表2.1。

表2.1　虚拟界面键盘操作

按　键	功　能
F1	上层前方视角
F2	上层后方视角
F3	下层前方视角
F4	下层后方视角

续表2.1

按　键	功　能
Up（↑）	视线向上
Down（↓）	视线向下
Left（←）	视线向左
Right（→）	视线向右

2.3.3　监控界面介绍

2.3.3.1　系统界面说明

如图2.5所示，打开转炉冶炼炉况监控系统界面。左上部有四个数值显示区，分别为音频信号、氧枪高度、工作氧压、吹炼时间。左下部有枪位、氧压、温度、C含量标尺。正中间为记录转炉冶炼过程中各个元素的实时曲线。界面下部是可显示的曲线元素名称。默认情况下，界面只显示枪位、氧压、温度、C含量四个实时曲线。其他曲线为隐藏状态。

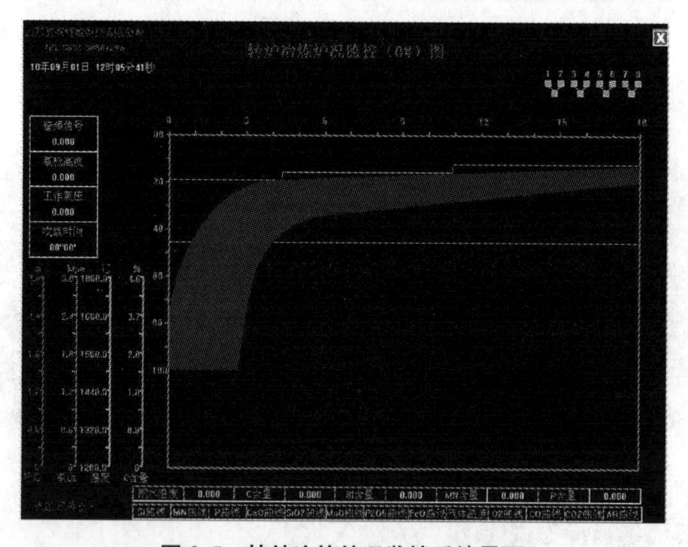

图2.5　转炉冶炼炉况监控系统界面

2.3.3.2　界面操作说明

本界面为实时监控界面，打开后无须任何操作，与控制端连接，控制端的氧气阀门打开后，实时曲线自动绘制。查看其他元素的数值，只要在界面下方的元素名上单击左键便可。

2.3.4　控制程序登录系统

双击执行程序的图标或者右击鼠标点击“打开”，启动本系统。输入正确的学号、姓名及密码，进入本程序。

2.3.4.1　计划选择

进入主程序后，点击【实训练习项目】⟶【炼钢项目】⟶【转炉控制】，弹出如图 2.6 所示的计划选择窗口，选择要练习的项目，点击【确定】按钮进入转炉主操作画面，点击【关闭】按钮退出转炉程序。

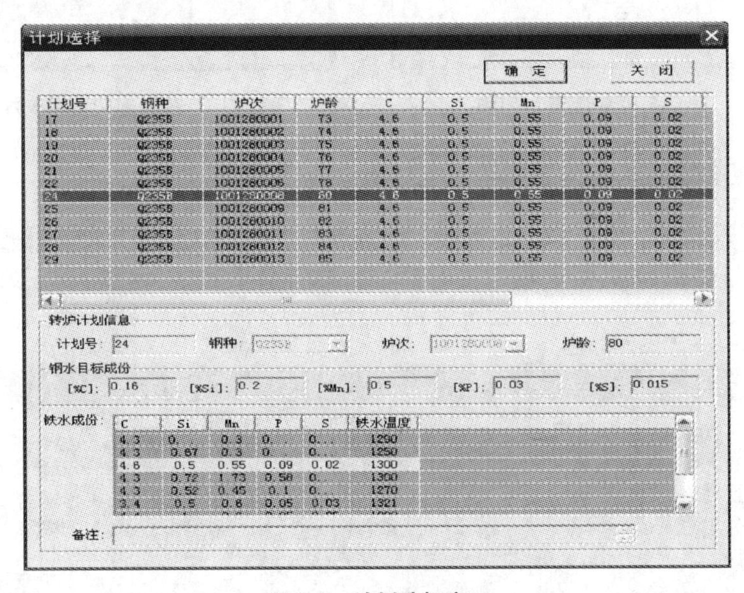

图 2.6　计划选择窗口

2.3.4.2　计划选择注意事项

（1）如果运行可执行程序之前未打开数据库，或者网络连接有问题，则会出现如图 2.7 所示的数据库连接失败的提示。检查网络连接是否正确，数据库是否已经打开，排除故障。

（2）如果加密狗没有启动或配置不正确，则会出现如图 2.8 所示的加密狗读取失败的提示，点击【确定】按钮后，退出程序。

（3）如果手柄没有连接或连接不正确，或是所用的串口已经打开，则会出现如图 2.9 所示的串口打开失败的提示。

（4）如果控制电机连接失败，则会出现如图 2.10 所示的控制电机连接失败的提示，可检查网络连接是否正确。

图 2.7　数据库连接失败提示界面

图 2.8　加密狗读取失败提示界面

图 2.9　串口打开失败提示界面

图 2.10　控制电机连接失败提示界面

2.3.5　操作监控画面

如图 2.11 所示，转炉倾动主界面，即为软件主界面，用底排的按钮进行各界面之间的切换。转炉倾动主要实现氧枪升降、烟罩升降、转炉、投料、开闭氧点、小车横移。

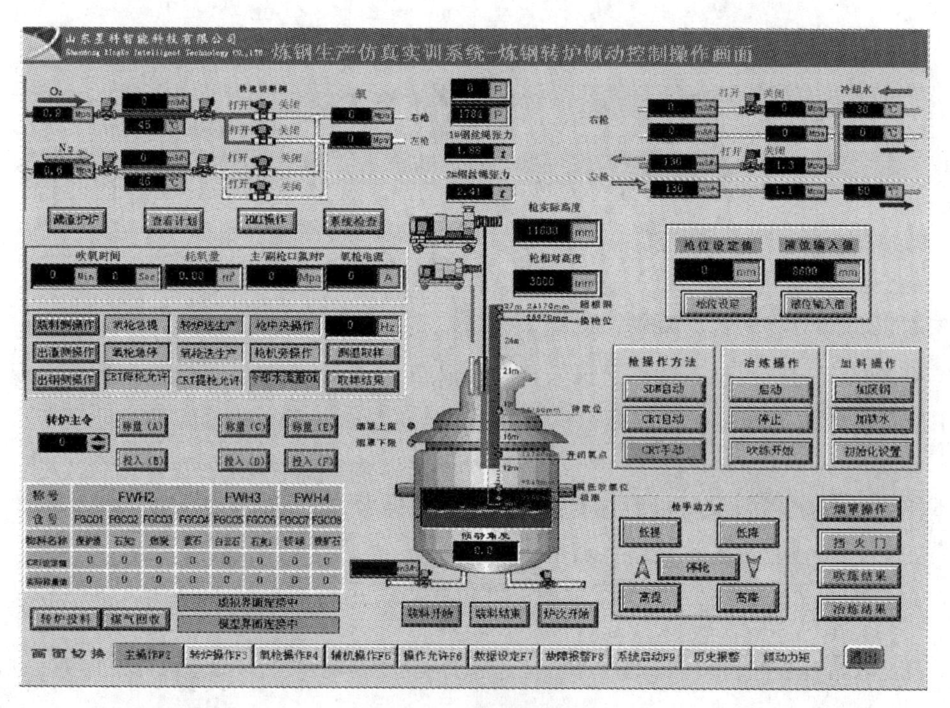

图 2.11　软件主界面

2.3.5.1　转炉倾动主界面系统检查窗口

点击【系统检查】按钮，弹出如图 2.12 所示的窗口，选中要检查的项目，点击【确定】按钮，进行检查结果提交。

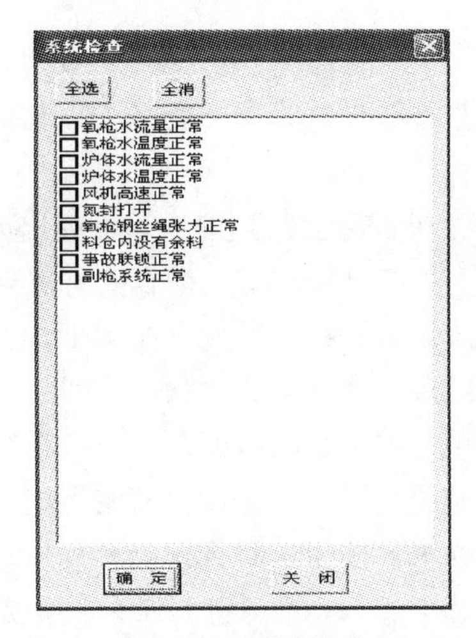

图 2.12　**系统检查**

2.3.5.2　枪操作

(1)【枪操作方法切换】：可以通过点击【SDM 自动】、【CRT 自动】、【CRT 手动】来切换枪操作。

SDM 自动：启动、停止；CRT 自动：启动、停止；CRT 手动：低速提枪、高速提枪、低速下枪、高速下枪、停枪。

(2)【启动】：氧枪将根据枪位设定值进行低速升降。

(3)【低提】/【低降】：氧枪将以低速进行升/降操作，到限位后，自动停止。

(4)【高提】/【高降】：氧枪将以高速进行升/降操作，到限位后，自动停止。

(5)【停止】/【停枪】：氧枪停止升降。

2.3.5.3　枪位设定

点击【枪位设定】按钮或点击【枪位设定】上边的文本框，则会弹出如图 2.13 所示的输入数据窗口，在此进行枪位值设定。

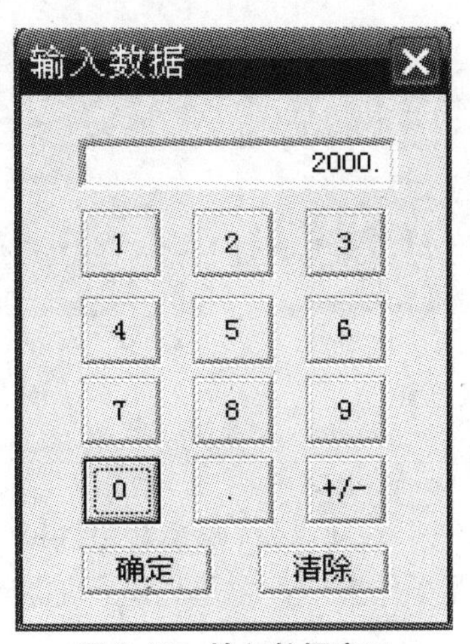

图 2.13　**输入数据窗口**

2.3.5.4 装料操作

（1）点击【装料侧操作】按钮，这时字体背景变成如图 2.14 所示的颜色才可进行装料操作。

（2）初始化设置：点击【初始化设置】按钮，可弹出如图 2.15 所示的窗口，对各参数进行设定，点击【确定】按钮即可将有关数据进行保存，且可进行装料操作。

（3）加废钢：点击【加废钢】按钮，看到虚拟界面中开始加废钢，且【装料开始】将变成选中状态，而【装料结束】变成未选中状态，即装料开始，如图 2.16 所示。

加废钢装料操作注意事项：加废钢的角度在 50°～55°之间，加完废钢后必须后摇炉至小于 0°，以便将废钢均匀地进行铺底，否则会有错误记录。

（4）加铁水：点击【加铁水】按钮，看到虚拟界面中开始加铁水。当加完铁水时，会看到【装料开始】变成未选中状态，而【装料结束】变成选中状态，即装料结束，如图 2.17 所示。

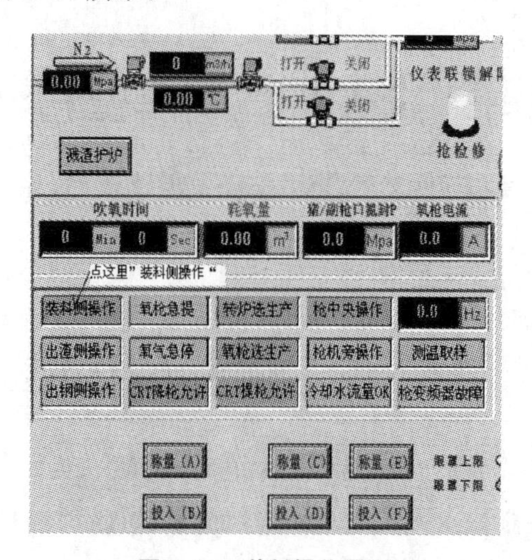

图 2.14 **装料操作界面**

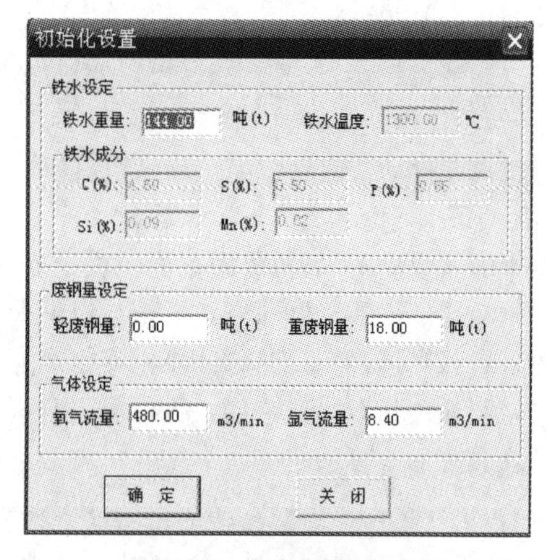

图 2.15 **初始化设置窗口**

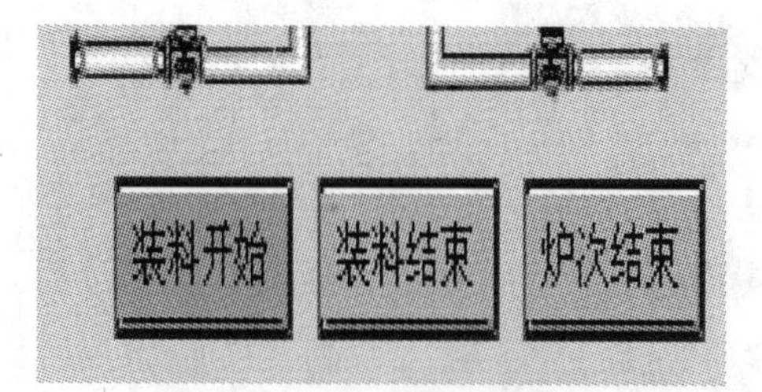

图 2.16 **装料开始界面**

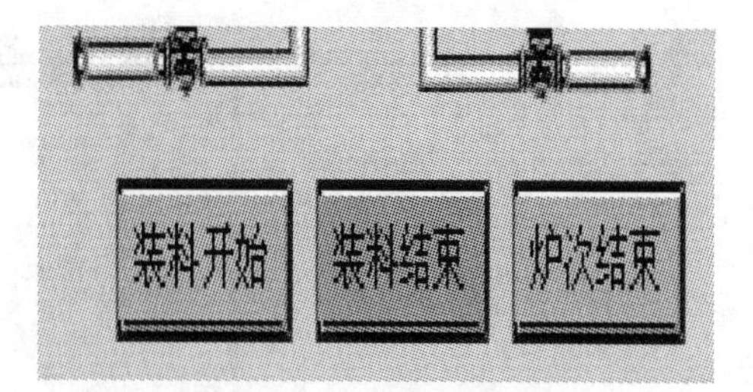

图 2.17 **装料结束界面**

2.3.5.5 装料操作注意事项

（1）加铁水的角度在 40°～75°之间，否则会有错误记录。

（2）只有在选择【加料侧操作】后，才可以进行加废钢与加铁水操作，否则会出现如图 2.18 所示的错误提示。

（3）只有进行完初始化设置后，才可以进行加废钢与加铁水操作，否则会出现如图

2.19 所示的错误提示。

图 2.18　选择装料侧操作提示界面

图 2.19　初始化参数设定提示界面

2.3.5.6　转炉投料

（1）数据设定：点击 CRT 设定值一行中任意一个，弹出如图 2.20 所示的输入数据窗口，从而设定相应值，点击【确定】按钮，即设定成功。如图 2.21 所示为设定好值后的窗口。

（2）称量：设定之后，分别点击【称量（A)】、【称量（C)】、【称量（E)】可进行称量操作，系统会将设定称量值显示到对应的实际称量值一列中，如图 2.22 所示。

（3）投入：称量后，点击【投入（B)】，即可将所称量的料投入转炉，且设定值清零，以便进行新一组数据的设定，如图 2.23 所示。

图 2.20　输入数据窗口

称号	FWH2				FWH3		FWH4	
仓号	FGC01	FGC02	FGC03	FGC04	FGC05	FGC06	FGC07	FGC08
物料名称	保护渣	石灰2	备用	萤石	白云石	石灰1	镁球	铁矿石
CRT设定值	25	96	0	0	87	0	0	98
实际称量值	0	0	0	0	0	0	0	0

图 2.21　数据设定

称号	FWH2				FWH3		FWH4	
仓号	FGC01	FGC02	FGC03	FGC04	FGC05	FGC06	FGC07	FGC08
物料名称	保护渣	石灰2	备用	萤石	白云石	石灰1	镁球	铁矿石
CRT设定值	25	96	0	0	87	0	0	98
实际称量值	25	96	0	0	87	0	0	98

图 2.22　称量数据

称号	FWH2				FWH3		FWH4	
仓号	FGC01	FGC02	FGC03	FGC04	FGC05	FGC06	FGC07	FGC08
物料名称	保护渣	石灰2	备用	萤石	白云石	石灰1	镁球	铁矿石
CRT设定值	0	0	0	0	0	0	0	0
实际称量值	0	0	0	0	0	0	0	0

图 2.23　投料清零

2.3.5.7 开闭氧点

（1）手动方式：通过快速切断阀中，对应地点击【打开】、【关闭】按钮进行开氧点与闭氧点。

（2）自动方式：当冶炼操作已经开始，并降枪到开闭氧点位置以下，且未选择【溅渣护炉】时，将自动切换到打开氧气阀中，并进行吹氧操作。当在吹氧状态中，提枪到开闭氧点以上时，将会自动切断氧气阀，吹氧操作结束。

（3）当开始吹氧时，快速切断阀中的状态为红色，标志为打开，如图 2.24 所示为氧气阀打开标志。吹氧时，吹氧时间将会自行计时，且耗氧量也会不断累加显示所吹氧量。吹氧结束，计时停止。如图 2.25 所示为吹氧时间与耗氧量。

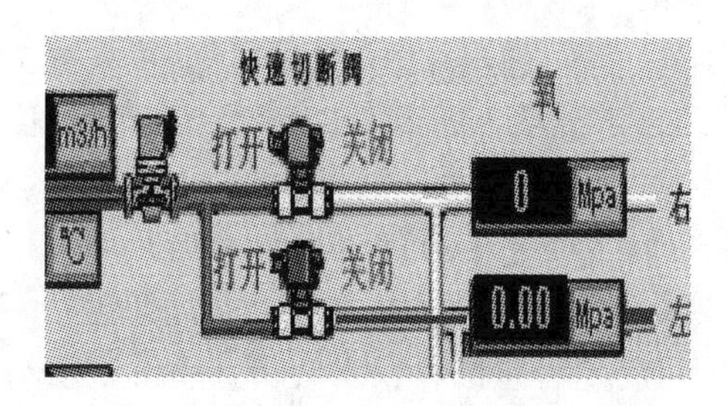

图 2.24 **氧气阀打开标志**

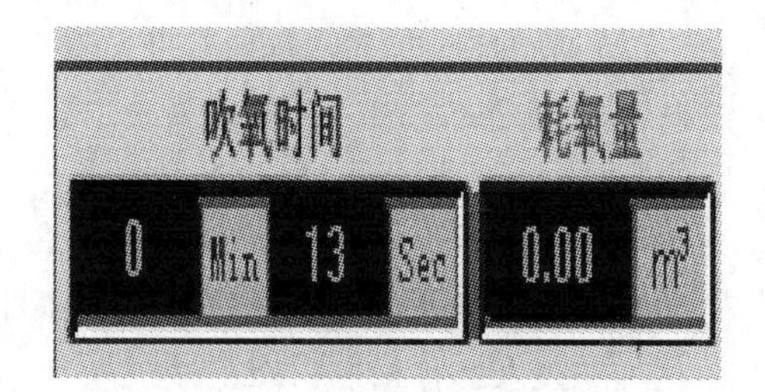

图 2.25 **吹氧时间和耗氧量**

2.3.5.8 开闭氮气阀

（1）手动方式：可通过快速切断阀中，对应地点击【打开】、【关闭】按钮进行打开、关闭氮气阀。

（2）自动方式：当冶炼操作已经开始，并降枪到开闭氧点位置以下，且选择【溅渣护炉】时，将自动切换到打开氮气阀中，并进行吹氮操作。当在吹氮状态中，提枪到开闭氧点以上时，将会自动切断氮气阀，吹氮操作结束。

2.3.6.9 开闭氮气阀注意事项

（1）如果当前是左枪工作，而点击的是对应的右枪的【打开】按钮，则将出现如图 2.26 所示的提示。

（2）如果小车未锁紧，点击【打开】按钮，将出现如图 2.27 所示的错误提示，应先将小车锁紧。

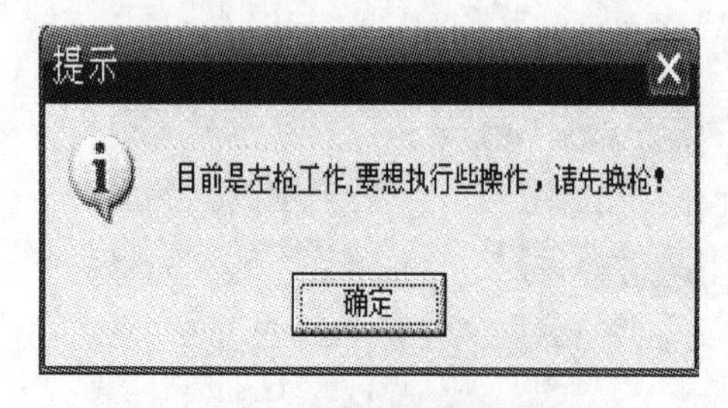

图 2.26 **左枪操作提示界面**

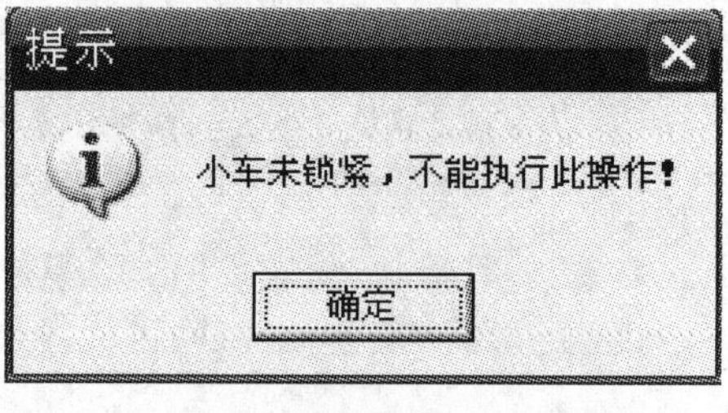

图 2.27 **小车未锁紧提示界面**

2.3.5.10 烟罩操作

点击转炉主界面中的【烟罩操作】，将弹出如图 2.28 所示的窗口。其中，对应的

【上升】、【停止】、【下降】与图 2.29 所示的辅机操作界面中的烟罩上的【上升】、【停止】、【下降】是一致的，详细请见辅机操作界面中的操作说明。

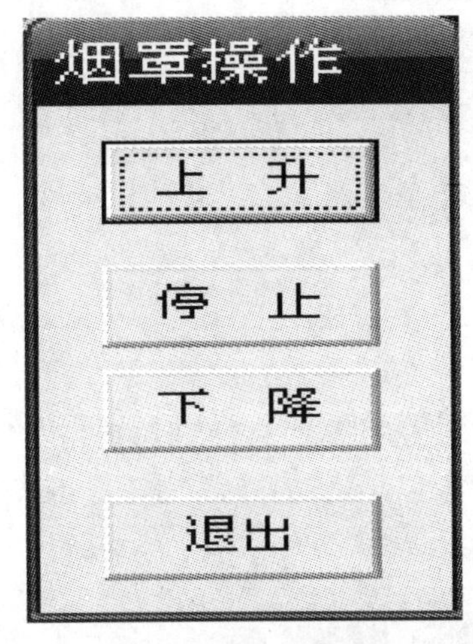

图 2.28　烟罩操作窗口

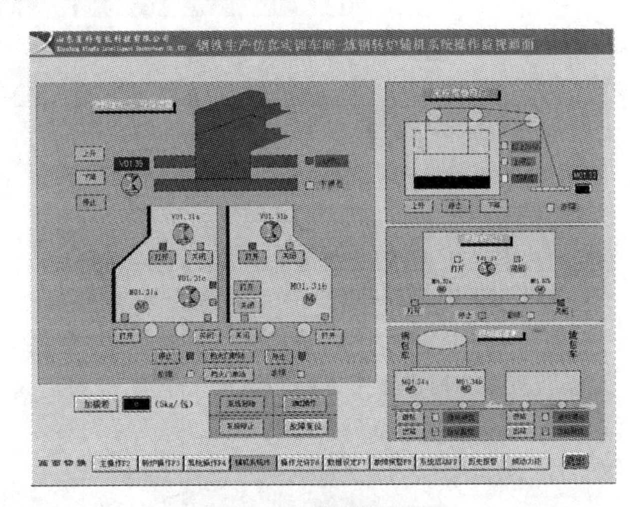

图 2.29　辅机操作界面

2.3.5.11　挡火门操作

点击转炉主界面中的【挡火门】，将弹出如图 2.30 所示的窗口。其中，对应的【打开】、【停止】、【关闭】与图 2.29 所示的辅机操作界面联动状态下挡火门上的【打开】、【停止】、【关闭】是一致的，即【打开】全打开，【停止】全关闭，【关闭】全停止，详细请见辅机操作界面中的操作说明。

图 2.30　挡火门操作窗口

2.3.5.12　出钢侧操作

点击【出钢侧操作】按钮，字体背景变成如图 2.31 所示的颜色，这时就可以在图 2.29 所示的辅机操作界面的钢包车中点击【进站】，让钢包车进站，转动手柄，使炉子转到一定的角度，进行出钢操作。

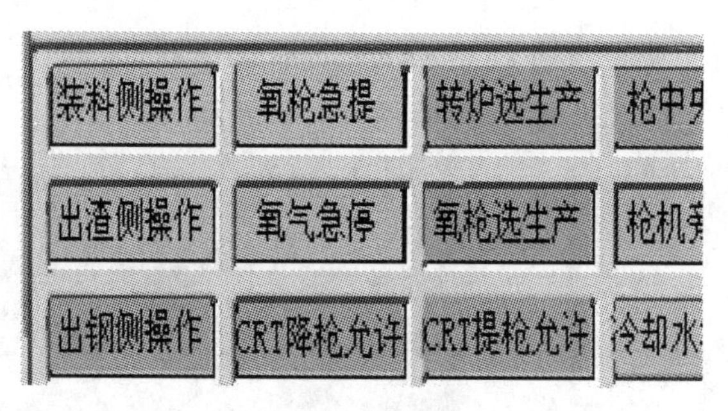

图 2.31　出钢侧操作

2.3.5.13　出渣侧操作

点击【出渣侧操作】按钮，字体背景变成如图 2.32 所示的颜色，这时就可以在图 2.29所示的辅机操作界面的渣包车中点击【进站】，让渣包车进站，转动手柄，使炉子转到一定的角度，进行出渣操作。

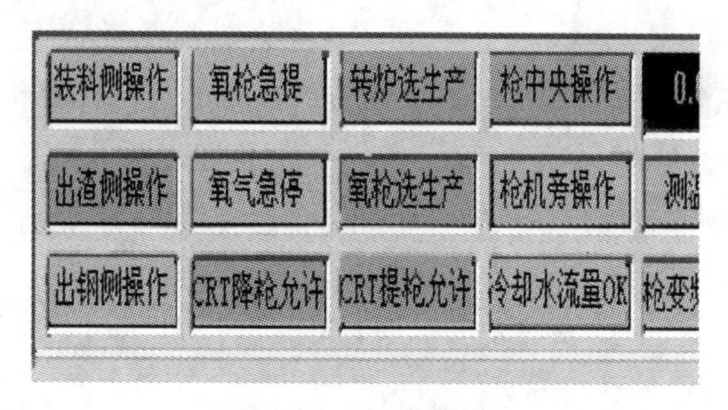

图 2.32　出渣侧操作

2.3.5.14　测温取样

点击【测温取样】按钮，这时开始进行测温取样操作。当测温取样结束后，可点击【取样结果】按钮，查看取样结果。测温取样结果如图 2.33 所示。

取样结果

终点成分			铁水成分		
C:	4.553	%	C:	4.600	%
Si:	0.433	%	Si:	0.500	%
Mn:	0.494	%	Mn:	0.550	%
P:	0.087	%	P:	0.090	%
S:	0.020	%	S:	0.020	%
温度:	1401		温度:	1300	

确　定

图 2.33　测温取样结果

2.3.5.15　吹炼结束

点击【吹炼结束】按钮，吹炼结束，可点击【吹炼结果】按钮，查看吹炼结果。吹炼结果界面如图 2.34 所示。

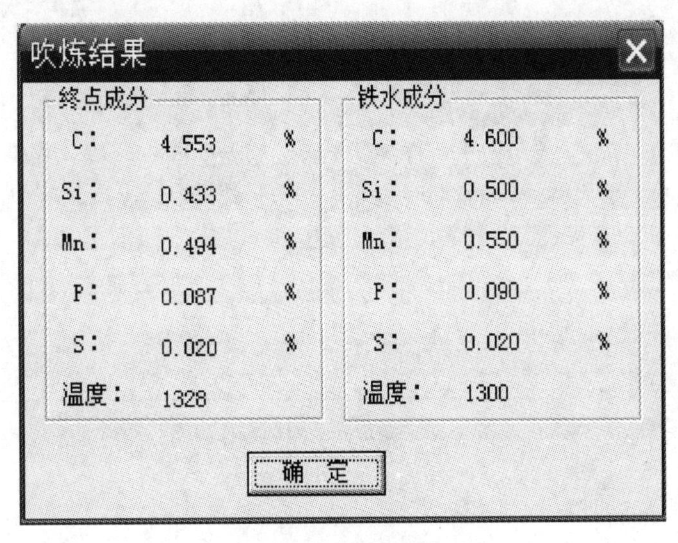

图 2.34　**吹炼结果**

2.3.5.16　炉次结束

点击【炉次结束】按钮，炉次结束，弹出如图 2.35 所示的本炉次的结果。

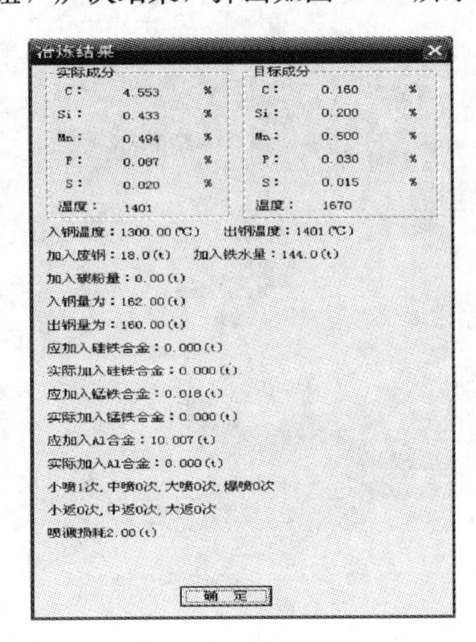

图 2.35　**炉次结果**

2.3.6　转炉倾动控制操作界面

点击【转炉操作 F3】按钮，即可进入如图 2.36 所示的转炉倾动控制操作界面。

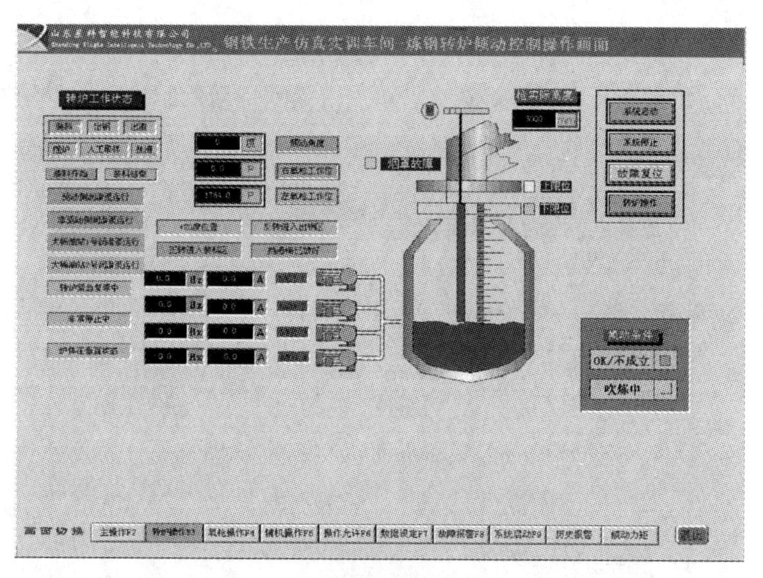

图 2.36　转炉倾动控制操作界面

2.3.7　氧枪操作界面

点击【氧枪操作 F4】按钮，即可进入如图 2.37 所示的氧枪操作界面。

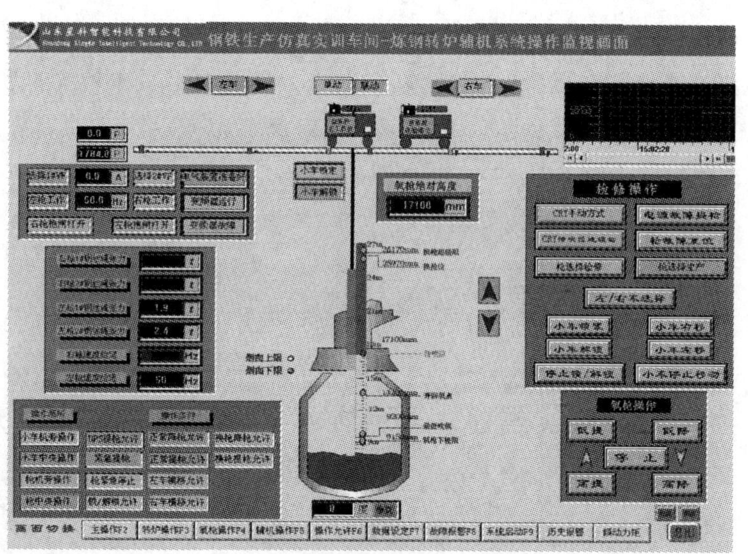

图 2.37　氧枪操作界面

2.3.7.1　氧枪操作

点击【低降】、【低提】、【高降】、【高提】、【停止】按钮与点击主界面中的【低降】、【低提】、【高降】、【高提】、【停止】按钮功能是相同的。

2.3.7.2　小车操作

（1）点击【小车解锁】按钮，将小车解锁，从而进行小车的移动，如图 2.38 所示为小车解锁状态。

(2) 点击【小车锁定】按钮，将小车锁定，如图 2.39 所示为小车锁定状态。

(3) 上边的【单动】/【联动】，可根据情况自行选择，即在单动状态下，一车动，不会影响另一车，而在联动状态下，一车动，即两车全动。

(4) 小车移动：可点击检修操作下的【小车右移】、【小车左移】、【小车停止移动】来控制小车的移动，也可点击上方的左/右车两边的蓝色箭头进行小车的左/右移动操作。

(5) 点击【左/右车选择】可选择左/右车，即左/右枪。

图 2.38　小车解锁

图 2.39　小车锁定

2.3.7.3　小车操作注意事项

(1) 小车未解锁时，如果要移动小车或是进行小车选择，将会出现如图 2.40 所示的提示。

(2) 如果氧枪不在换枪位而进行小车移动，将会出现如图 2.41 所示的提示。

(3) 进行【小车锁定】时，如果此时选中的小车并未移动到工作位上（如图 2.42 所示），将会出现如图 2.43 所示的提示。

(4) 换完小车后，要记得锁定小车，否则在进行氧枪操作时，将会出现如图 2.44 所示的提示。

图 2.40　小车锁定不能操作提示界面

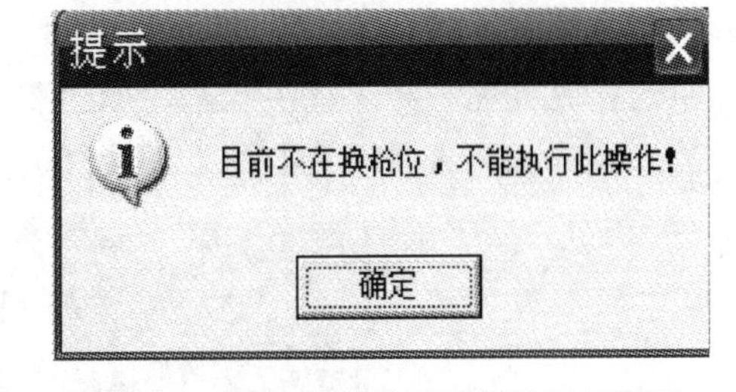

图 2.41　不在换枪位不能操作提示界面

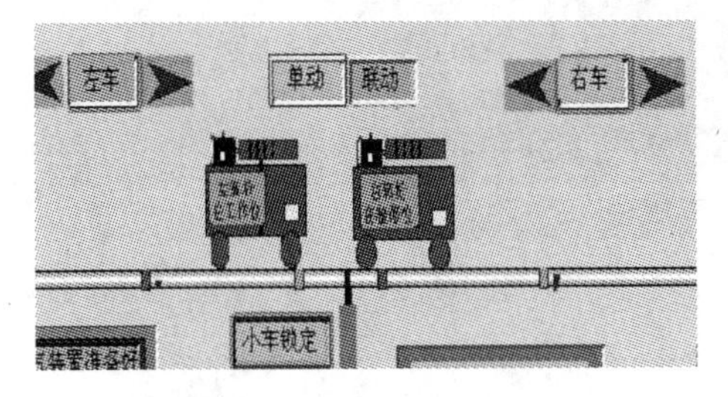

图 2.42　小车不在工作位

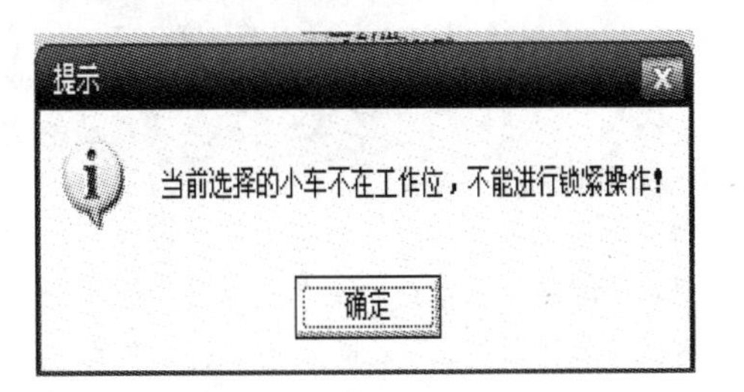

图 2.43　小车不在工作位不能进行锁定提示界面

图 2.44 小车未锁定不能执行此操作提示界面

2.3.8 辅机操作界面

点击【辅机操作 F5】按钮，即可进入如图 2.29 所示的辅机操作界面。

2.3.8.1 卷帘门操作

(1) 上升：当点击【上升】按钮时，图 2.29 中卷帘门中的【上升】按钮标志为选中状态，其他标志为未选中状态，如图 2.45 所示。而当上升到限位时，【上升】按钮标志为未选中，而【上限位】标志将会红黄闪烁，标志为正在上限位。

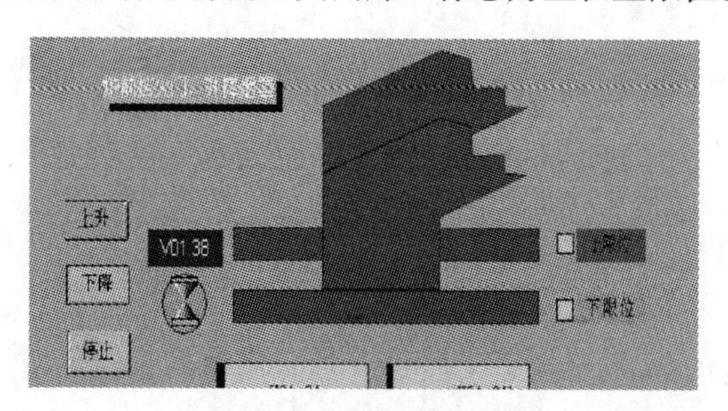

图 2.45 未选中上限位

(2) 下降：当点击【下降】按钮时，图 2.29 中卷帘门中的【下降】按钮标志为选中状态，其他标志为未选中状态，如图 2.46 所示。而当上升到限位时，【下降】按钮标志为未选中，而【下限位】标志将会红黄闪烁，标志为正在下限位。

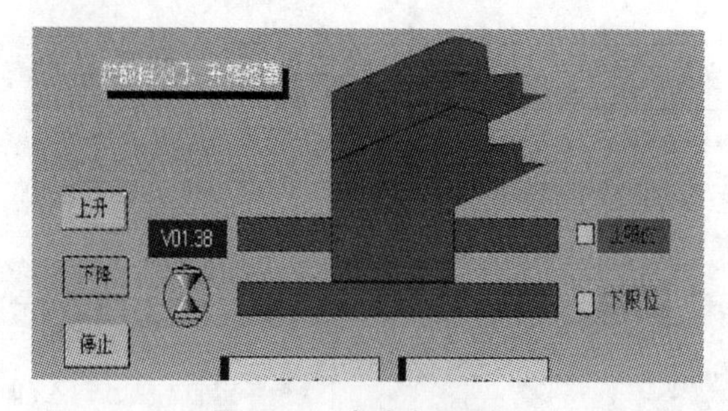

图 2.46 未选中下限位

(3) 停止：当点击【停止】按钮时，图 2.29 中卷帘门中的【停止】按钮标志为选中状态，其他标志为未选中状态，如图 2.47 所示。

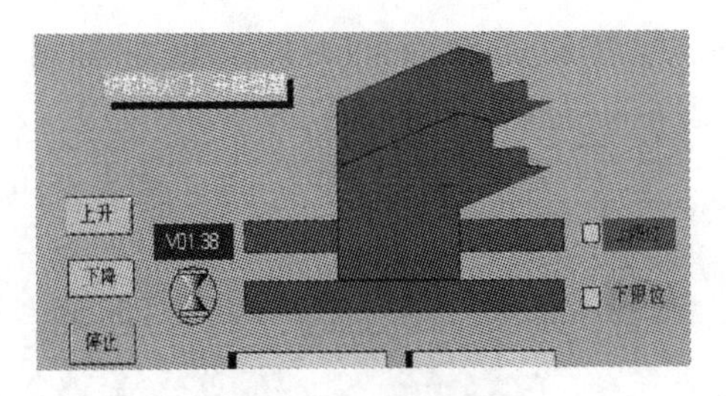

图 2.47　停止状态

2.3.8.2　卷帘门操作注意事项

转炉角度不在零位，即角度大于3°或小于-3°时，会出现如图2.48所示的提示。

图 2.48　转炉不在零位提示界面

2.3.8.3　挡火门操作

点击【挡火门联动】即可切换成如图2.49所示的联动状态，点击【挡火门单动】切换到如图2.50所示的单动状态，从而进行不同效果操作。

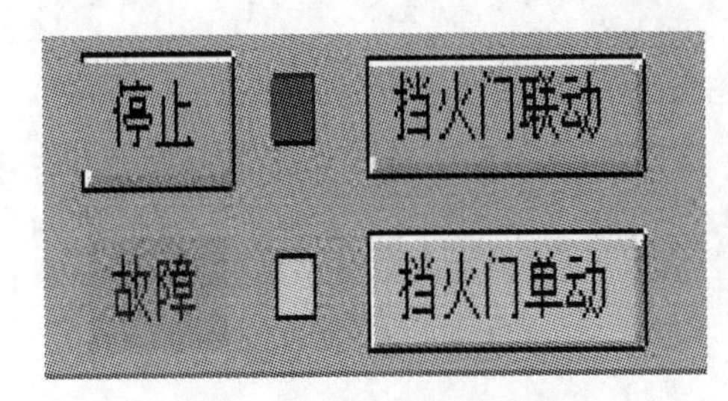

图 2.49　挡火门联动状态

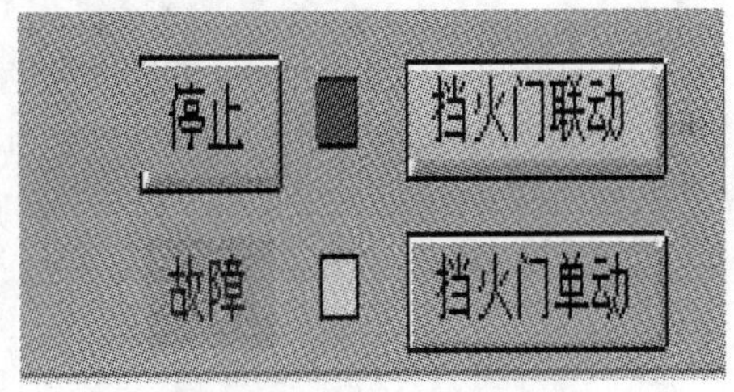

图 2.50　挡火门单动状态

(1) 在单动状态下，当点击左/右挡火门【打开】按钮时，挡火门中的左/右【打开】按钮标志为选中状态，其他标志为未选中状态。如图2.51所示为左挡火门打开状态。而当打开到限位时，左/右【打开】按钮标志为未选中，而左/右【停止】标志将为选中，标志为已到限位。

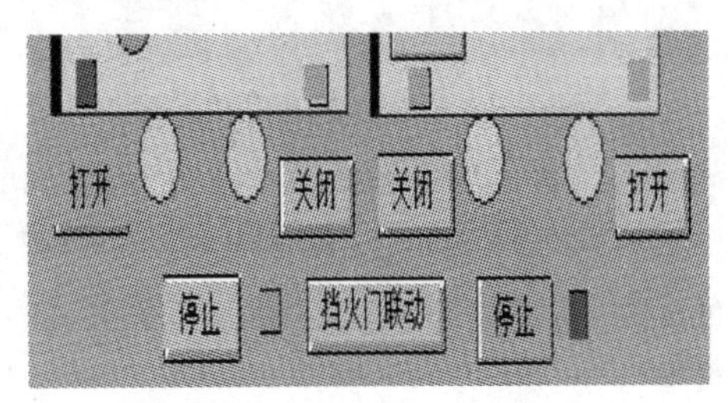

图 2.51　挡火门打开状态

(2) 在单动状态下，当点击左/右挡火门【关闭】按钮时，挡火门中的左/右【关闭】按钮标志为选中状态，其他标志为未选中状态。如图 2.52 所示为左挡火门关闭状态。而当关闭到限位时，左/右【关闭】按钮标志为未选中，而左/右【停止】标志将为选中，标志为已到限位。

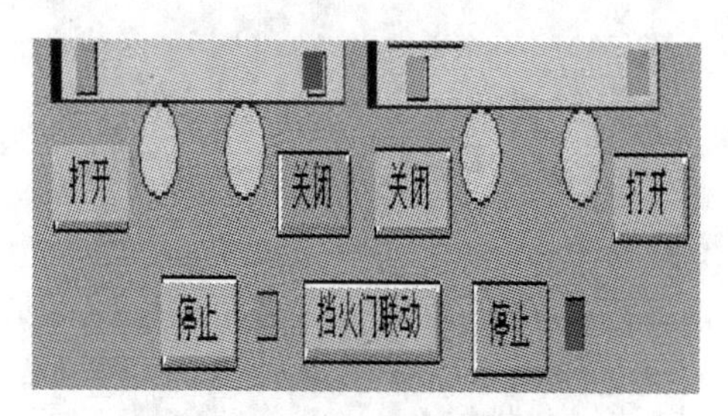

图 2.52　左挡火门关闭状态

(3) 在单动状态下，当点击左/右挡火门【停止】按钮时，挡火门中的左/右【停止】按钮标志为选中状态，其他标志为未选中状态，且左/右挡火门即停止移动。如图 2.53 所示为左挡火门停止状态。

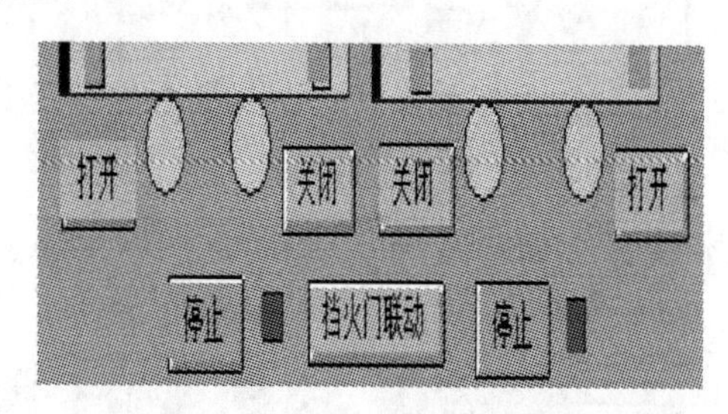

图 2.53　左挡火门停止状态

(4) 在联动状态下，当点击左/右挡火门【打开】按钮时，挡火门中的左/右【打开】按钮标志全为选中状态，其他标志为未选中状态。如图 2.54 所示为左挡火门打开状态。而当打开到限位时，左/右【打开】按钮标志全为未选中，而左/右【停止】标志将全为选中，标志为已到限位。

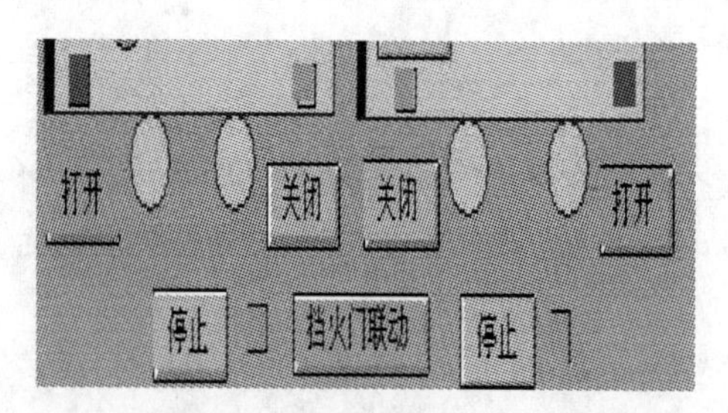

图 2.54　左挡火门打开状态

(5) 在联动状态下，当点击左/右挡火门【关闭】按钮时，挡火门中的左/右【关闭】按钮标志全为选中状态，其他标志为未选中状态。如图 2.55 所示为左挡火门关闭状态。而当关闭到限位时，左/右【关闭】按钮标志全为未选中，而左/右【停止】标志将全为选中，标志为已到限位。

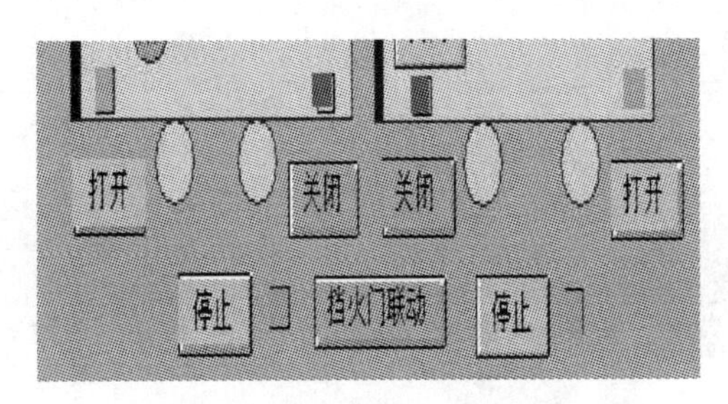

图 2.55　左挡火门关闭状态

(6) 在联动状态下，当点击左/右挡火门【停止】按钮时，挡火门中的左/右【停止】按钮标志全为选中状态，其他标志为未选中状态，且左/右挡火门即停止移动。

2.3.8.4　出钢操作

(1) 进站：点击【进站】按钮，让钢包车进站，【进站】按钮标志为选中状态，如图 2.56 所示。到限位时，【进站限位】标志为选中状态，【进站】按钮标志为未选中状态，如图 2.57 所示。

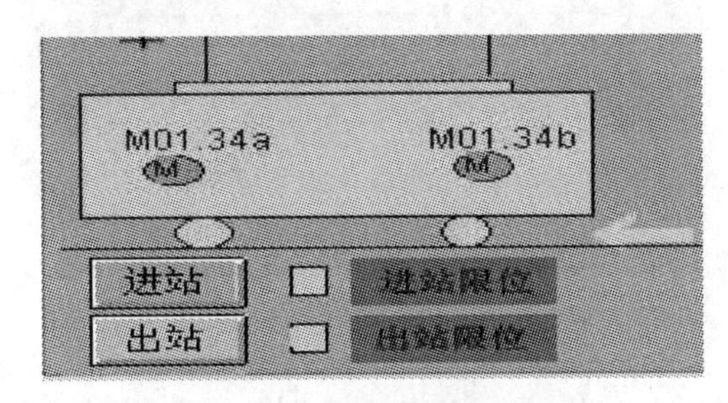

图 2.56　钢包车进站状态

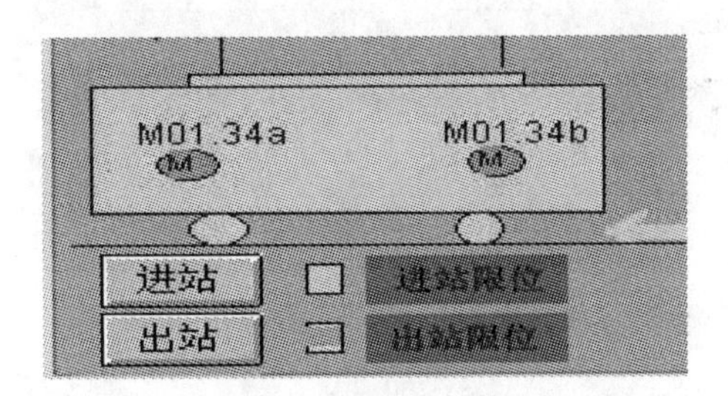

图 2.57　钢包车进站标志未选中状态

(2) 出站：点击【出站】按钮，让钢包车出站，【出站】按钮标志为选中状态，如图 2.58 所示。到限位时，【出站限位】标志为选中状态，【出站】按钮标志为未选中状态，如图 2.59 所示。

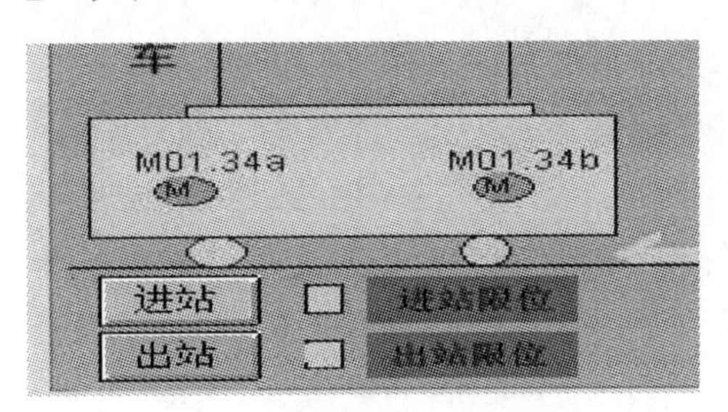

图 2.58　钢包车出站状态

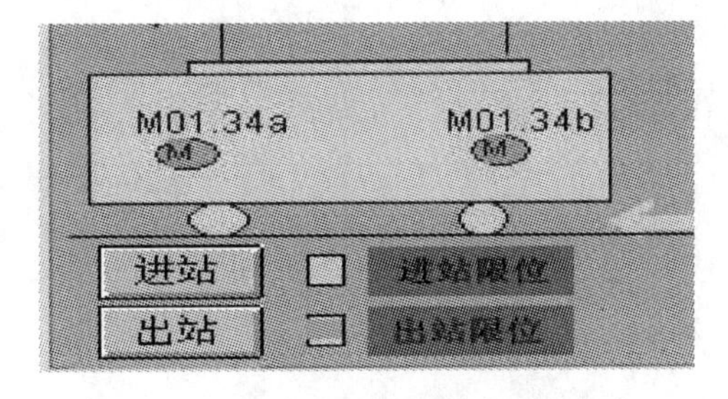

图 2.59　钢包车出站标志未选中状态

2.3.8.5　出渣操作

(1) 进站：点击【进站】按钮，让渣包车进站，【进站】按钮标志为选中状态，如图 2.60 所示。到限位时，【进站限位】标志为选中状态，【进站】按钮标志为未选中状态，如图 2.61 所示。

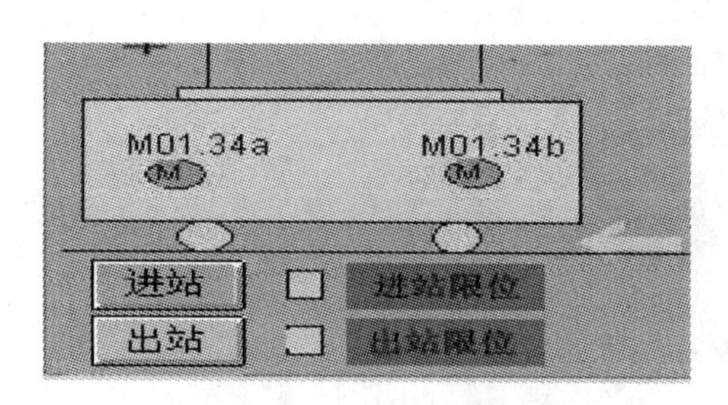

图 2.60　渣包车进站状态

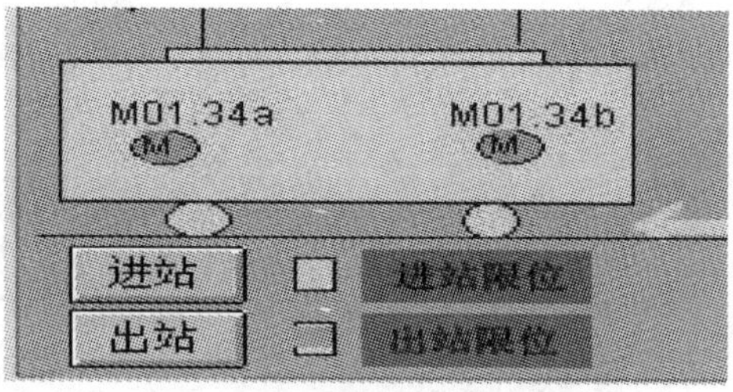

图 2.61　渣包车进站标志未选中状态

(2) 出站：点击【出站】按钮，让渣包车出站，【出站】按钮标志为选中状态，如图 2.62 所示。到限位时，【出站限位】标志为选中状态，【出站】按钮标志为未选中状态，如图 2.63 所示。

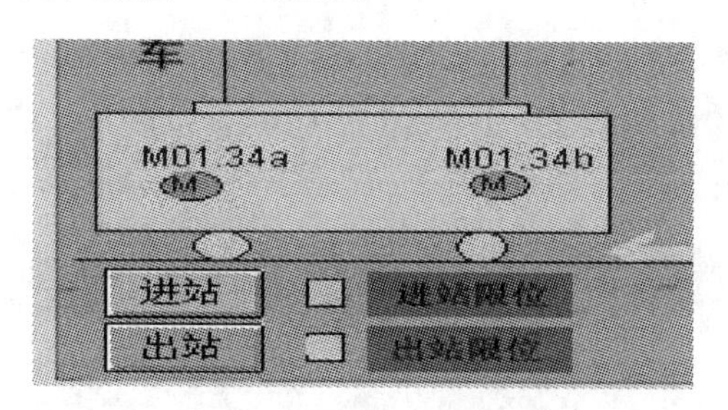

图 2.62　渣包车出站状态

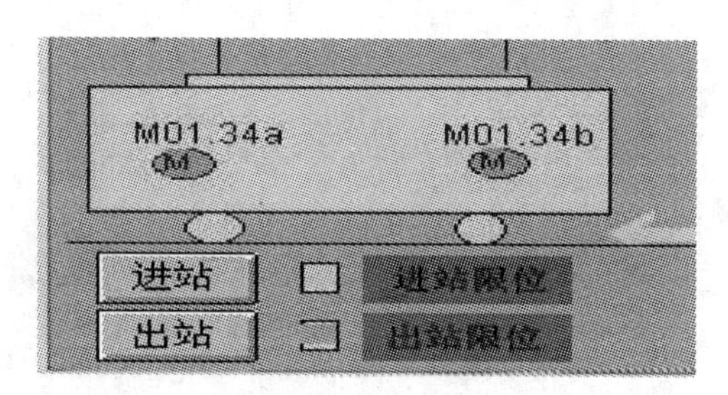

图 2.63　渣包车出站标志未选中状态

2.3.9　退出

点击【退出】按钮，则会出现如图 2.64 所示的提示。点击【确定】按钮，退出程序；点击【取消】按钮，则继续运行程序。

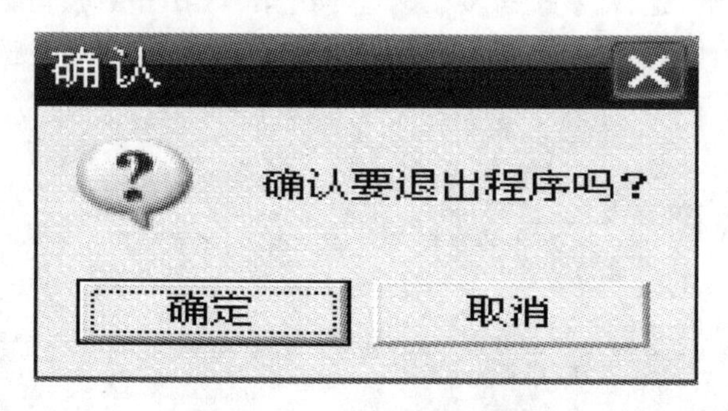

图 2.64　退出操作提示界面

2.3.10　煤气回收

点击转炉操作界面中的【煤气回收】按钮，即可进入如图 2.65 所示的煤气回收操作界面。

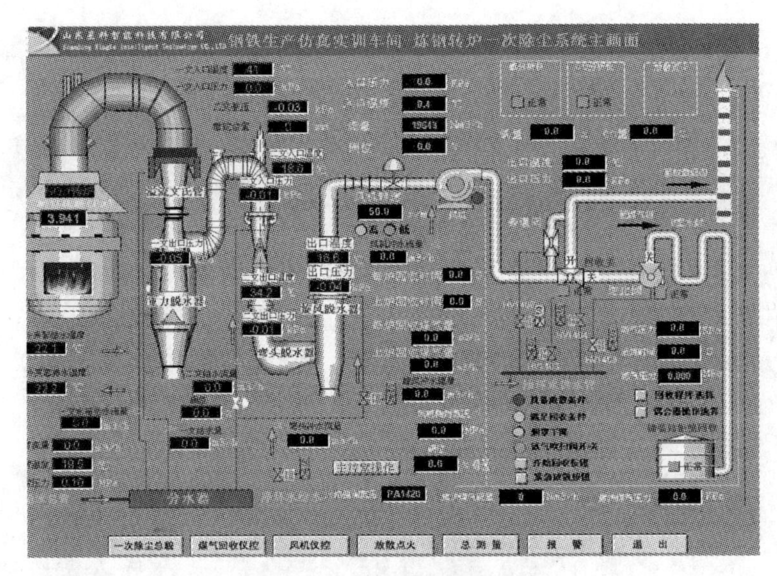

图 2.65　**煤气回收操作界面**

2.3.10.1　开始回收

氧气量与 CO 量是实时取得的，只有在氧气量与 CO 量满足一定条件时，才具备煤气回收条件。

氧气分析正常、CO 分析正常、风机为高转速、旁通阀正常、逆止阀正常、储备站正常情况下，才可进行煤气回收。

当点击【开始回收】按钮时，如果条件都具备，将进行回收操作，否则将出现如图 2.66所示的煤气回收条件不满足的提示。

图 2.66　**煤气回收条件不满足提示界面**

2.3.10.2　紧急放散

点击【紧急放散】按钮，旁通阀打开，逆止阀关闭，回收终止。

2.3.11　退出

点击【退出】按钮，将切换到转炉操作主界面。

2.3.12　转炉投料

点击转炉操作界中的【转炉投料】按钮，即可进入如图 2.67 所示的投料界面。

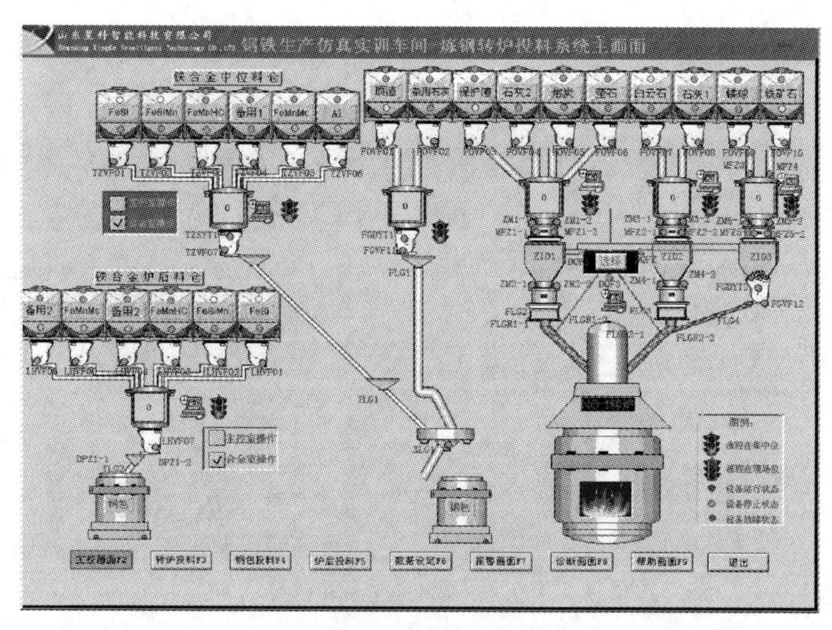

图 2.67 投料界面

2.3.12.1 转炉投料

点击【转炉投料 F3】按钮，将切换到如图 2.68 所示的转炉投料操作界面。

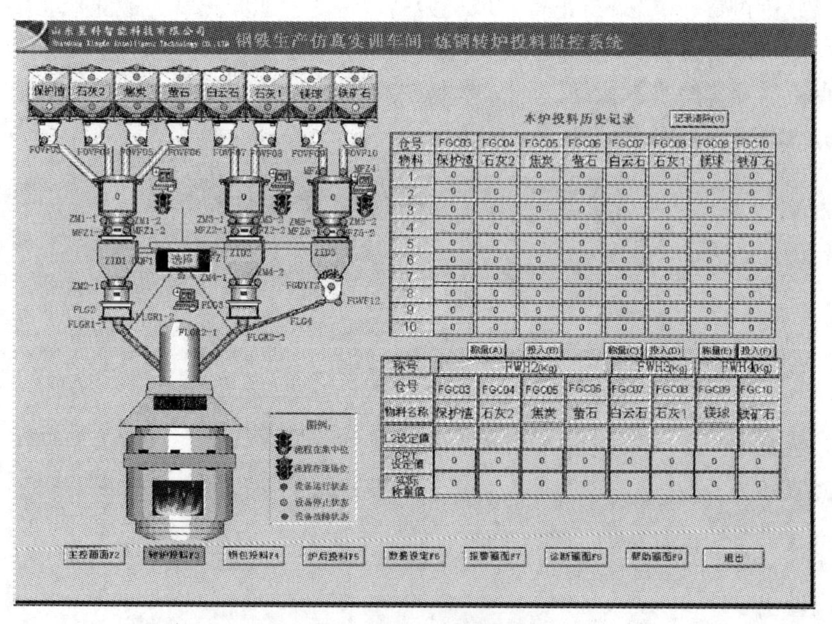

图 2.68 转炉投料操作界面

2.3.12.2 数据设定

点击 CRT 设定值一行中的任意一个，可弹出如图 2.69 所示的输入数据窗口，从而设定相对应的值，点击【确定】按钮，即设定成功。如图 2.70 所示为输入数据设定好的窗口。

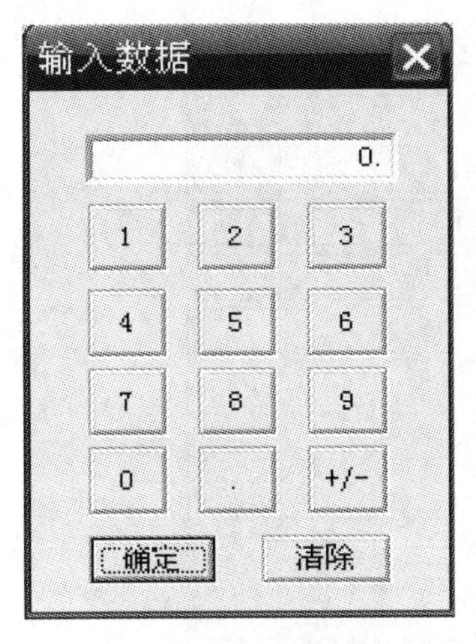

图 2.69　输入数据窗口

称号	FWH2(Kg)				FWH3(Kg)		FWH4(Kg)	
仓号	FGC03	FGC04	FGC05	FGC06	FGC07	FGC08	FGC09	FGC10
物料名称	保护渣	石灰2	备用	萤石	白云石	石灰1	镁球	铁矿石
L2设定值								
CRT设定值	0	0	0	96	0	0	87	0
实际称量值	0	0	0	0	0	0	0	0

图 2.70　输入数据设定好的窗口

2.3.12.3　称量

设定之后，分别点击【称量（A)】、【称量（C)】、【称量（E)】可进行称量操作，会将称量值显示到对应的实际称量值一行中，如图 2.71 所示。同时将会看到上边的料斗中出现对应的值，如图 2.72 所示。

称号	FWH2(Kg)				FWH3(Kg)		FWH4(Kg)	
仓号	FGC03	FGC04	FGC05	FGC06	FGC07	FGC08	FGC09	FGC10
物料名称	保护渣	石灰2	备用	萤石	白云石	石灰1	镁球	铁矿石
L2设定值								
CRT设定值	0	0	0	96	0	0	87	0
实际称量值	0	0	0	96	0	0	87	0

图 2.71　称量值显示到对应的实际称量值

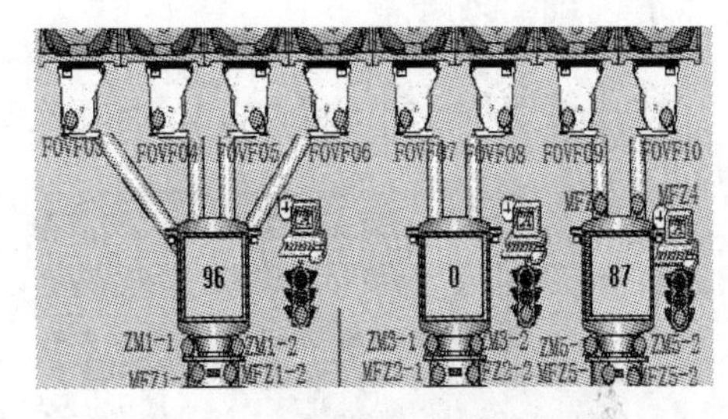

图 2.72　料斗中会出现对应的值

2.3.12.4　投入

称量后，点击【投入（B)】，即可将所称量的料投入进去，且设定值清零，以便进行新一组数据的设定，如图 2.73 所示。料斗中的数据也将清零，如图 2.74 所示。

称号	FWH2(Kg)				FWH3(Kg)		FWH4(Kg)	
仓号	FGC03	FGC04	FGC05	FGC06	FGC07	FGC08	FGC09	FGC10
物料名称	保护渣	石灰2	备用	萤石	白云石	石灰1	镁球	铁矿石
L2设定值								
CRT设定值	0	0	0	0	0	0	0	0
实际称量值	0	0	0	0	0	0	0	0

图 2.73　设定值清零

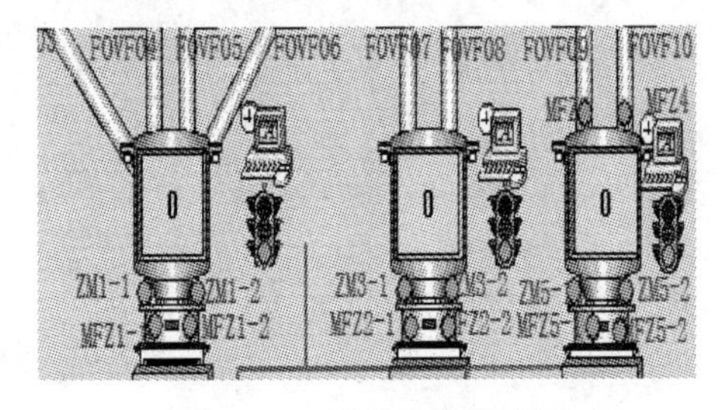

图 2.74　料斗中数据清零

2.3.12.5　历史记录

当投入完本次料后，会将本次记录显示到历史记录栏中（如图 2.75 所示），以备查看。

仓号	FGC03	FGC04	FGC05	FGC06	FGC07	FGC08	FGC09	FGC10
物料	保护渣	石灰2	备用	萤石	白云石	石灰1	镁球	铁矿石
1	0	0	0	0	0	0	0	0
2	0	0	0	0	0	0	0	0
3	0	0	0	0	0	0	0	0
4	0	0	0	0	0	0	0	0
5	0	0	0	0	0	0	0	0
6	0	0	0	0	0	0	0	0
7	0	0	0	0	0	0	0	0
8	0	0	0	0	0	0	0	0
9	0	0	0	0	0	0	0	0
10	0	0	0	0	0	0	0	0

图 2.75　历史记录栏

2.3.12.6　记录清除

点击【记录清除（O）】按钮，会将历史记录清除掉。

2.3.13　钢包投料

点击【钢包投料 F4】按钮，将切换到如图 2.76 所示的钢包投料操作界面。

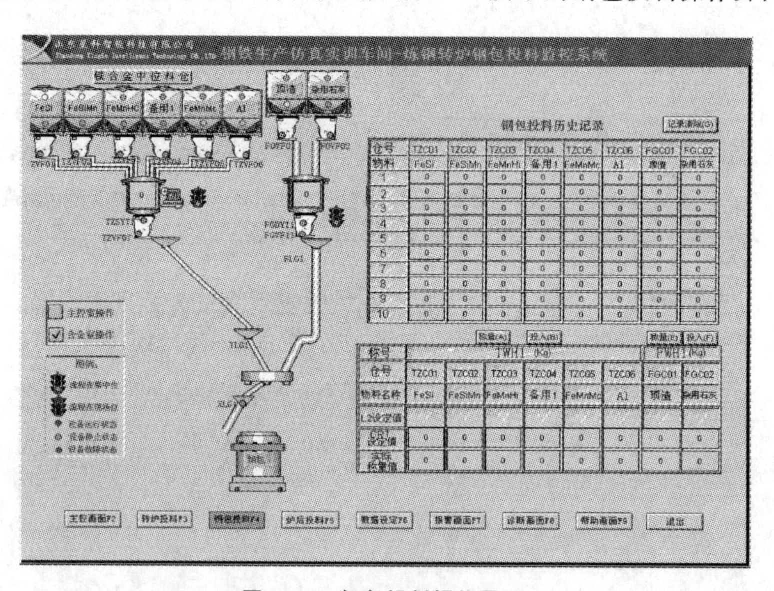

图 2.76　钢包投料操作界面

2.3.13.1　数据设定

点击 CRT 设定值一行中的任意一个，可弹出如图 2.77 所示的输入数据窗口，从而设定相对应的值，点击【确定】按钮，即设定成功。如图 2.78 所示为输入数据设定好的窗口。

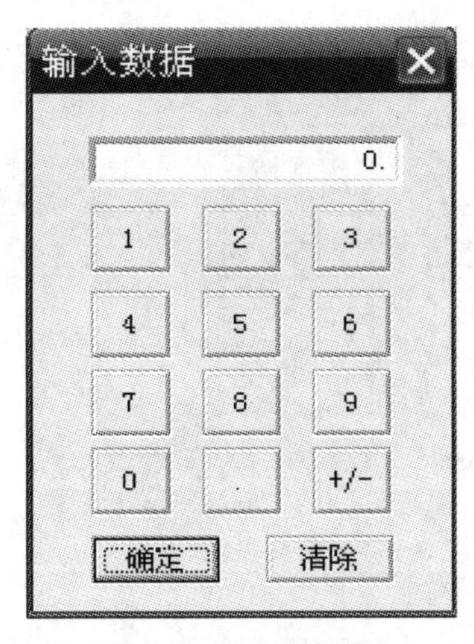

图 2.77　**输入数据窗口**

称号	TWH1 (Kg)						FWH1(Kg)	
仓号	TZC01	TZC02	TZC03	TZC04	TZC05	TZC06	FGC01	FGC02
物料名称	FeSi	FeSiMn	FeMnHi	备用1	FeMnMc	备用2	顶渣	杂用石灰
L2设定值								
CRT设定值	96	0	95	0	0	0	56	0
实际称量值	0	0	0	0	0	0	0	0

图 2.78　**输入数据设定好的窗口**

2.3.13.2　称量

设定之后，分别点击【称量（A)】、【称量（E)】可进行称量操作，会将称量值显示到对应的实际称量值一行中，如图 2.79 所示。

称号	TWH1 (Kg)						FWH1(Kg)	
仓号	TZC01	TZC02	TZC03	TZC04	TZC05	TZC06	FGC01	FGC02
物料名称	FeSi	FeSiMn	FeMnHi	备用1	FeMnMc	备用2	顶渣	杂用石灰
L2设定值								
CRT设定值	96	0	95	0	0	0	56	0
实际称量值	96	0	95	0	0	0	56	0

图 2.79　**称量值显示到对应的实际称量值**

2.3.13.3　投入

称量后，点击【投入（B)】，即可将所称量的料投入进去，且设定值清零，如图 2.80 所示，以便进行新一组数据的设定。

称号	TWH1 (Kg)						FWH1(Kg)	
仓号	TZC01	TZC02	TZC03	TZC04	TZC05	TZC06	FGC01	FGC02
物料名称	FeSi	FeSiMn	FeMnHi	备用1	FeMnMc	备用2	顶渣	杂用石灰
L2设定值								
CRT设定值	0	0	0	0	0	0	0	0
实际称量值	0	0	0	0	0	0	0	0

图 2.80　**设定值清零**

2.3.13.4　历史记录

当投入完本次料后，会将本次记录显示到历史记录栏中（如图 2.81 所示)，以备查看。

仓号	TZC01	TZC02	TZC03	TZC04	TZC05	TZC06	FGC01	FGC02
物料	FeSi	FeSiMn	FeMnHi	备用1	FeMnMc	备用2	顶渣	杂用石灰
1	96	0	95	0	0	0	56	0
2	0	0	0	0	0	0	0	0
3	0	0	0	0	0	0	0	0
4	0	0	0	0	0	0	0	0
5	0	0	0	0	0	0	0	0
6	0	0	0	0	0	0	0	0
7	0	0	0	0	0	0	0	0
8	0	0	0	0	0	0	0	0
9	0	0	0	0	0	0	0	0
10	0	0	0	0	0	0	0	0

图 2.81　**历史记录栏**

2.3.13.5　记录清除

点击【记录清除（O)】按钮，会将历史记录清除掉。

2.3.14　炉后投料

点击【炉后投料 F5】按钮，将切换到如图 2.82 所示的炉后投料操作界面。

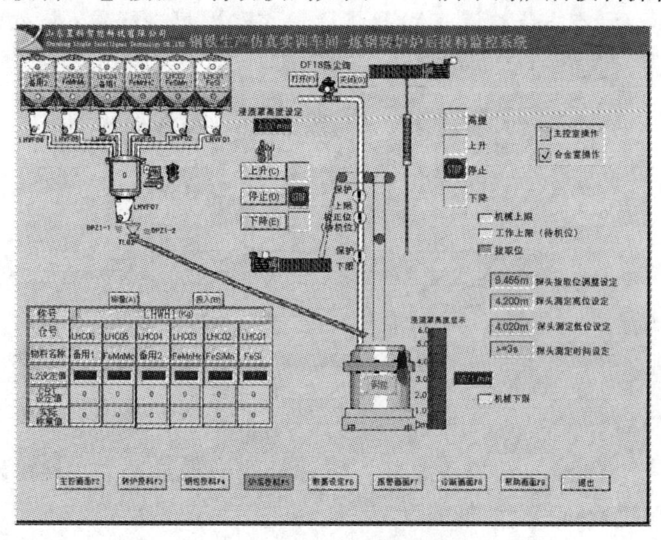

图 2.82　**炉后投料操作界面**

2.3.14.1　数据设定

点击 CRT 设定值一行中的任意一个，弹出如图 2.83 所示的输入数据窗口，从而设定相对应的值，点击【确定】按钮，即设定成功。如图 2.84 所示为输入数据设定好的窗口。

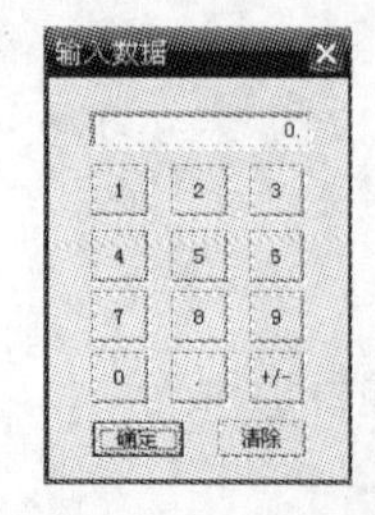

图 2.83　**输入数据窗口**

称号	FWH2(Kg)				FWH3(Kg)		FWH4(Kg)	
仓号	FGC03	FGC04	FGC05	FGC06	FGC07	FGC08	FGC09	FGC10
物料名称	保护渣	石灰2	备用	萤石	白云石	石灰1	镁球	铁矿石
L2设定值								
CRT设定值	0	0	0	96	0	0	87	0
实际称量值	0	0	0	0	0	0	0	0

图 2.84　**输入数据设定好的窗口**

2.3.14.2　称量

设定之后，点击【称量（A)】可进行称量操作，会将称量值显示到对应的实际称量值一行中，如图 2.85 所示。

称号	LHWH1(Kg)					
仓号	LHC06	LHC05	LHC04	LHC03	LHC02	LHC01
物料名称	备用1	FeMnMc	备用2	FeMnHc	FeSiMn	FeSi
L2设定值						
CRT设定值	0	0	0	58	74	0
实际称量值	0	0	0	58	74	0

图 2.85　称量值显示到对应的实际称量值

2.3.14.3　投入

称量后，点击【投入（B)】，即可将所称量的料投入进去，且设定值清零，如图 2.86 所示，以便进行新一组数据的设定。

称号	LHWH1(Kg)					
仓号	LHC06	LHC05	LHC04	LHC03	LHC02	LHC01
物料名称	备用1	FeMnMc	备用2	FeMnHc	FeSiMn	FeSi
L2设定值						
CRT设定值	0	0	0	0	0	0
实际称量值	0	0	0	0	0	0

图 2.86　设定值清零

2.3.15　退出

点击【退出】按钮，将切换到转炉操作主界面。

2.4　转炉炼钢仿真实训操作流程

2.4.1　登录

双击可执行程序的图标或者右击鼠标点击“打开”，启动本系统。输入正确的学号、姓名及密码，进入本程序。

2.4.2　准备工作

确认虚拟界面已连接，点击【初始化操作】按钮对其进行初始化，指定到装料侧操作状态，将炉子摇到加料位，分别点击【加废钢】、【加铁水】按钮，将废钢和铁水加入炉子中。加完料后再将炉子摇回零位。设定好枪位，称量好第一批要加入的料。关闭挡火门，下降烟罩，准备好吹炼。

2.4.3 吹炼操作

点击【启动】按钮，开始降枪，当枪超过开闭氧点后，开始进行吹氧，点击【投入】按钮，将称好的料投入进去，可在吹炼过程中点击【测温取样】按钮，取下样，根据原成分与目标成分加入相应的料，或是提、降枪。吹炼一段时间后，等达到目标成分后，可进行提枪，提到开闭氧点以上，关闭氧点，最后点击【吹炼结束】按钮，结束吹炼。

2.4.4 出钢、出渣操作

切换到出钢操作状态，将钢包车开进站，摇炉至出钢工位，可根据最终的吹炼成分与目标成分的差距加入相应的合金，出钢完成后，将钢包车出站，炉子摇回零位。

点击【溅渣护炉】按钮，降低枪位到开闭氧点，进行吹氮操作，吹一段时间后，切换到出渣操作状态，将渣包车开进站，炉子摇到出渣工位，开始进行出渣，出渣结束后，将渣包车开出站，炉子摇回零位。

2.4.5 炉次结束操作

点击【炉次结束】按钮会弹出成分报告，本炉次就结束了，可进入下一炉次的操作。

2.4.6 操作流程使用注意事项

☆小车在未锁定状态中不允许降枪，不允许吹氧，不允许吹氮。

☆小车在锁定状态中，不允许选择左右车，不允许移动小车。

☆倾动角度大于 3°或小于 3°，不允许降枪，不允许烟罩下降。

☆初始化参数未设定，不允许进行装料操作。

☆不在装料侧操作中，不允许加废钢、铁水。

☆烟罩不在上限位，不允许动炉。

☆氧枪低于待吹位，不允许动炉。

☆如果正在投入或正在称量中，则不能设定投料值。

☆氧枪高度小于 25970 mm，即不在换枪位，不允许小车手移动。

☆在提枪或降枪中，不能执行氧枪选检修或选生产。

☆当前选择的小车不在工作位，不能进行锁定操作。

☆吹氧与吹氮是相斥的。

2.5 转炉炼钢辅助物料

废钢、渣料、铁矿石加入炉内的目的是调整钢液温度成分，改变炉渣的成分和性能等。

2.5.1　合金元素的添加

最简单的加入方式是向钢中加入纯的物质，加入量 m_{additive} 的计算公式如下：

$$m_{\text{additive}} = \frac{\Delta X \times m_{\text{steel}}}{100\%} \tag{2.1}$$

式中：ΔX 为需要增加元素的含量（%），$\Delta X = X_{\text{目标}} - X_{\text{当前}}$；$m_{\text{steel}}$ 为钢液质量（kg）。

举例说明，假设有 250 t 钢水，目前镍的含量为 0.01%，需要加入多少镍才能使镍的目标成分达到 1.0%？

$$m_{\text{additive}} = \frac{(1.0 - 0.01)\% \times 250000}{100\%} = 2475\ (\text{kg})$$

2.5.2　其他元素的添加

加入废钢时，必须考虑其对钢液成分的影响，钢液成分的计算公式如下：

$$X_{\text{steel,after}} = \frac{m_{\text{scrap}} \times X_{\text{scrap}} \times \text{recovery rate of } X_i + m_{\text{steel}} \times X_{\text{steel}}}{100\% \times (m_{\text{scrap}} + m_{\text{steel}})} \tag{2.2}$$

式中：X_i 为元素 i 的含量（%）；m_{scrap} 为渣质量（kg）；m_{steel} 为钢液质量（kg）。

举例说明，将 10 t 重料废钢加入到 250 t 铁水中，试计算此时熔池中碳的含量。铁水碳含量为 4.5%，重料废钢碳含量为 0.05%，碳的收得率为 95%。显然，废钢加入量越大，碳的含量越低。不能仅通过加废钢来使熔池中碳的含量达到最终要求。废钢加入量过大，会导致炉内钢液凝固。

$$X_{\text{steel,after}} = \frac{10000 \times 0.05\% \times 95\% + 250000 \times 4.5\%}{100\% \times (10000 + 250000)} = 4.33\%$$

2.5.3　转炉炼钢主要化学反应

在非平衡状态下，炼钢通过喷射的氧快速氧化铁水中的元素，[C] $+1/2O_2 = CO$ (g)，[C] + [O] →CO (g)，CO (g) $+1/2O_2$→CO_2 (g) 是三个最重要的反应。仅部分 CO 二次燃烧成 CO_2，也就是这一部分 CO 氧化成 CO_2。气相产物 CO 和 CO_2 通过烟罩排出。CO_2/（CO+CO_2）的比值 PCR 称为二次燃烧率。

碱性转炉炼钢还有 [Si] $+O_2 = SiO_2$，2 [P] $+2/5O_2 = P_2O_5$，[Mn] $+1/2O_2 =$ MnO，[Fe] $+1/2O_2 =$ FeO，2 [Fe] $+3/2O_2 = Fe_2O_3$ 等反应。SiO_2，P_2O_5，MnO，FeO，Fe_2O_3 等氧化物与先前加入的石灰和白云石中的氧化物形成熔渣，并漂浮在钢液表面。渣的组成相当重要，它控制渣硫的分配系数 L_S，磷的分配系数 L_P，锰的分配系数 L_{Mn} 等不同性能和渣的熔化温度。渣分配系数是表示元素在钢渣间分配，如 $L_P=1$ 表示钢中磷的量 [P%] 等于渣中磷的量（P%）。

2.5.3.1　磷的分配系数

炼钢后期良好的条件对脱磷至关重要，关键是保持易于脱磷的渣成分。图 2.87 表示不同渣成分下磷的分配系数。只有在较窄的炉渣成分范围内，才能保持较高的磷的分配系数。由图 2.87 可见，在碱度为 3 的情况下，每升高 50℃就会使磷分配系数降低 1.6 倍。

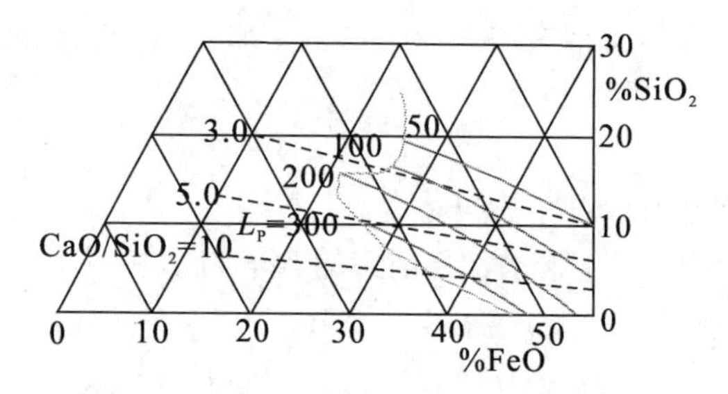

图 2.87　1650℃CaO，SiO_2，FeO，2%P_2O_5，1.5%Al_2O_3，3%MnO，5%MgO 渣系磷分配系数

2.5.3.2　脱磷的动力学条件——搅拌

有氮气或氩气搅拌情况下，脱磷速率的计算公式如下：

$$\frac{\mathrm{d}P}{\mathrm{d}t} = K_{\mathrm{C}} \times \frac{A}{V} \times P - P_{\mathrm{eq}} = -\beta \times \sqrt{\frac{D_{\mathrm{P}} \times Q}{A}} \times \frac{A}{V} \times P - P_{\mathrm{eq}} \tag{2.3}$$

式中：K_{C} 为磷在钢液中的传质系数；A 为钢渣界面面积（m^2）；V 为钢液体积（m^3）；P 为时间 t 时钢液中磷的含量（%）；P_{eq}为时间 t 时平衡状态磷的含量（%）；β 为实验系数，一般取 500 $m^{-1/2}$；D_{p} 为钢液中磷的扩散系数（$m^2 \cdot s^{-1}$）；Q 为通过界面单位面积气体流量（$m^3 \cdot s^{-1}$）。

2.5.3.3　硫的分配系数

转炉脱硫不是首要任务，通过钢渣界面反应还是能去除少量硫。图 2.88 显示硫的分配系数与渣成分的关系。注意在熔渣范围内，硫分配系数几乎与温度无关。

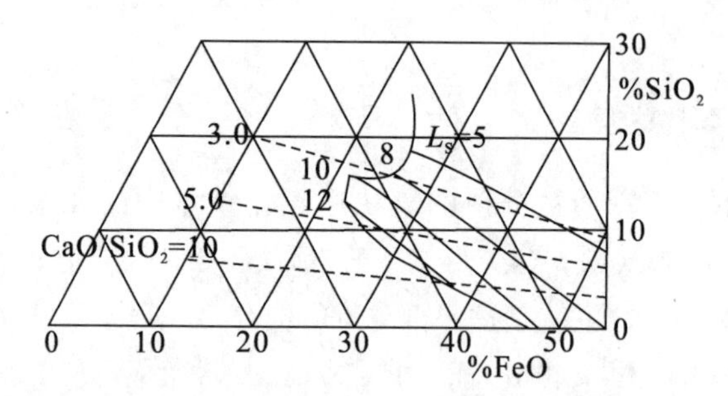

图 2.88　1650℃CaO，SiO_2，FeO，2%P_2O_5，1.5%Al_2O_3，3%MnO，5%MgO 渣系硫分配系数

2.5.3.4　锰的分配比

在吹炼前期铁水中大部分锰被氧化。由于钢渣界面还原反应，进入渣中的锰又返回到钢液中形成余锰。如图 2.89 所示，锰的分配比与温度关系不大，每增加 50℃仅使锰的分配比降低 1.25 倍。

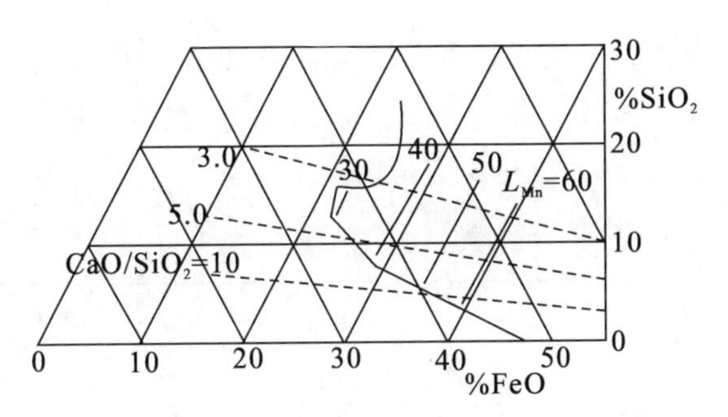

图 2.89　1650℃ CaO，SiO_2，FeO，2%P_2O_5，1.5%Al_2O_3，3%MnO，5%MgO 渣系锰分配比

2.6　热平衡

热平衡是调整钢液温度、评估热损失的基本依据。

2.6.1　热力学函数和单位

衡量热交换的热力学函数是焓 H。如公式 2.4 所示，对一定物质来说，焓是温度的函数，在没有相变的情况下，决定于物质的比热 C_P。焓的单位是焦耳（J）。其他常用单位是卡（cal），1 卡=4.184 焦耳，1 兆卡=106 卡，1 千瓦小时（kW·h）=3.6 兆焦=0.86 兆卡。

$$H_{T_2}-H_{T_1}=\int_{T_1}^{T_2}C_P\mathrm{d}T \tag{2.4}$$

2.6.2　热平衡原则建立

由公式 2.4 可见，热平衡利用了热力学第一定律，“反应热只与初始的状态有关，与系统历经的路径无关”。热平衡收集相关化学元素的相变化，最后累加起来。公式 2.5 中热损失是初始温度输入相和终止温度输出相在温度范围内溶解元素间的反应；ΔH_R=所有的反应焓；ΔH_2=钢液+渣+气体+…+总焓；ΔH_1=分解焓+热焓+溶解焓。热平衡计算程序如图 2.90 所示。

$$\Delta H_1+\Delta H_R+\Delta H_2+\text{heat loss}=0 \tag{2.5}$$

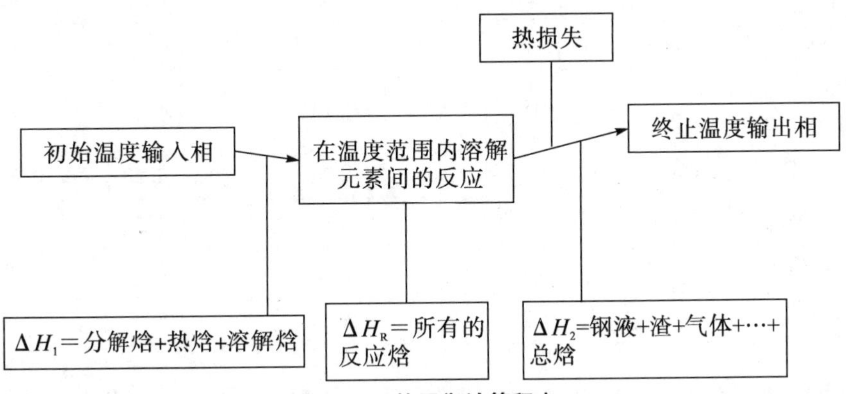

图 2.90　热平衡计算程序

表 2.2～表 2.5 的数值是用来计算 ΔH_1，ΔH_2和 ΔH_R的。ΔH_R是指在 1600℃时生成物和反应物的 ΔH_R。在超过几百度的范围内，ΔH_R是近似值，与温度无关。值得注意的是，吸热反应是正值，而放热反应是负值。

表 2.2　原料热焓值

名称	H（1400℃）$-H$（25℃）/$MJ \cdot kg^{-1}$		1400℃的 C_P/$kJ \cdot K^{-1} \cdot kg^{-1}$	
铁水（1400℃）	1.30～1.37		0.87	
名称	$H-H$（25℃）/$MJ \cdot kg^{-1}$		1600℃的 C_P/$kJ \cdot K^{-1}kg^{-1}$	
低合金钢（1600℃）	1.35		0.82	
炉渣（1600℃）	2.14		2.04	
铁矿石 Fe_2O_3（≥Fe_{sq}+O）	4.43		—	
CaO	1.50		1.03	
名称	$MJ \cdot kg^{-1}$	$MJ \cdot m^{-3}$	$MJ \cdot kg^{-1}$	$MJ \cdot m^{-3}$
Ar	0.82	1.46	0.53	0.93
CO	1.86	2.33	1.28	1.61
CO_2	1.90	3.78	1.36	2.71
N_2	1.84	2.30	1.28	0.95
O_2	1.70	2.43	1.17	1.68

表 2.3　氧化反应中各元素的热焓值

氧化物 X_nO_m 中元素 X	25℃到 1600℃的熔解热 /$MJ \cdot kg^{-1}$	1600℃元素 X 的 C_P /$MJ \cdot K^{-1} \cdot kg^{-1}$	1600℃被溶解氧化 X 热焓值 /$MJ \cdot kg^{-1}$	1600℃被溶解 25℃ O_2 氧化 X 热焓值 /$MJ \cdot kg^{-1}$	总氧量 O_2 /$kg \cdot m^{-3}$	
CO 中的 C	4.56* ～6.0**	2.025	−1.93* ～3.37**	−9.4* ～10.84**	1.33	0.93
CO_2 中的 C	4.56* ～6.0**	2.025	−15.35* ～16.79**	−30.35* ～32.79**	2.67	1.87
Al_2O_3 中的 Al	−0.17	1.175	−22.32	−27.32	0.89	0.62
Cr_2O_3 中的 Cr	1.37	0.95	−7.76	−10.36	0.46	0.32
液体"FeO"中的 Fe	1.35	0.82	−2.49	−4.10	0.29	0.20
Fe_2O_3 中的 Fe	1.35	0.82	−4.06	−6.48	0.43	0.30
MnO 中的 Mn	1.53	0.835	−5.34	−6.97	0.29	0.20
C_3P*** 中的 P	−0.14	0.61	−23.8	−31.05	1.29	0.90
C_2Si*** 中的 Si	−1.43	0.91	−24.4	−29.35	1.14	0.80

注：（*）在钢液中，（**）在铁水中，（***）在 1600℃下，与足够的 CaO 形成 $3CaO-P_2O_5$和 $2CaO-SiO_2$。

表 2.4　1600℃钢中溶解氧气的反应热值（MJ/kg O_2）

25℃的 O_2	1600℃渣中的 FeO_2	1600℃稳定的氧化物
−5.62	8.7	18

表 2.5　25℃铁合金分解焓（MJ/kg 合金）

名称	高碳 Fe−Cr	纯 Fe−Cr	高碳 Fe−Mn	纯 Fe−Mn	Fe−Si	Fe−Si	Si−Mn
成分/%	(16%Cr,5%C)	(73%Cr,0.5%C)	(78%Mn,7%C)	(78%Mn,1.5%C)	(75%Si)	(50%Si)	(35%Si)
分解焓	0.11	−0.025	0.10	0.075	0.37	0.70	0.71

2.7　物料平衡

物料平衡是钢渣成分调整、评估物料的基本依据。转炉冶炼一炉钢，炉内要倾空一次，物料平衡就是以重量和成分分析值为基础，比较输入与输出的物料。如果两者有差异，可能是参数不准确，或是耐材熔损，溢渣等输入和烟、尘等输出存在问题。如公式 2.6 所示，物料平衡包括气体、渣等物质总平衡和铁、氧、氧化钙等元素平衡。

$$\sum \text{input} = \sum \text{output}(+\text{losses}) \tag{2.6}$$

元素 X 的平衡计算公式如 2.7 所示，依据内容的不同，估算输入量 Q_{E_i} 或输出量 Q_{S_j}，以及估算输入 X_{E_i} 或输出 X_{S_j} 成分。

$$\frac{1}{100}\sum_i Q_{E_i}\cdot X_{E_i} = \frac{1}{100}\sum_j Q_{S_j}\cdot X_{S_j}(+\text{losses}) \tag{2.7}$$

2.7.1　平衡方程选择

铁水中 Fe、Si、Mn、P、Cr 等和氧的反应生成物质要么进入渣中，要么变成气体，C 反应生成 CO 和 CO_2，元素在钢、渣和气相中的分布与吹氧量、铁水与氧接触的条件有关。吹氧条件影响气体成分，二次燃烧率 $PCR=CO_2/(CO+CO_2)$ 和渣中铁氧化的程度。二次燃烧率中 CO 和 CO_2 是测定的体积分数。转炉顶吹渣中铁氧化程度 $Fe^{3+}/(Fe^{2+}+Fe^{3+})$，比率大约为 0.3，相当于质量比 Fe/Fe 氧化=0.33。

另外，渣中铁含量通常是固定的值，所以控制铁氧化是非常必要的。对于不锈钢还必须考虑 Cr 的氧化，常用去碳保铬方法。

简化的系统中，对于已知钢液成分是很清楚的，一旦气体成分、氧化程度和氧化 Fe 量三个参数固定不变，则需要 4 个方程式来计算氧气量、钢液量、渣量和用来处理已知铁水量的气体（或生产已知量的钢液），这些方程式是 Fe、O 气体和渣中除了 Fe 之外的 Si、Mn 和 P 其他元素的平衡式，很容易看出方程式是独立的，相互间毫无关系。

每增加一个限制条件，就增加一个变量参数，或解除先前的一个限制条件。固定钢液温度，要求控制废钢、铁矿石等冷却剂或硅铁、焦炭等发热剂装入量。

渣中含有一定量的固态 MgO 有利于保护炉衬。添加白云石含有 MgO 的物质是非常必要的。加入轻烧石灰以确保炉渣的性能，可通过 CaO 含量、碱度 CaO/SiO_2 或 $(CaO+MgO)$ / $(SiO_2+P_2O_5)$ 或轻烧石灰熔解速度方程式表示成渣成分的附属条件。

由表 2.6 可知，除必须加入的物料，典型的物料计算需要 6 个平衡方程来解决 6 个未知量。6 个平衡方程包括铁平衡、氧平衡、气体平衡、除铁之外渣中其他元素的平衡、碱度平衡和能量平衡。

表 2.6　碱性氧气炼钢过程的收入与支出项

输入	铁水	固定重量（或未知）(P_{Fet})，固定的成分和温度
	废钢或铁矿石	未知重量（P_{Fer} or P_M），固定的成分和温度
	轻烧石灰	未知重量（P_{Chx}），固定的成分和温度
	氧气	未知重量（P_O），固定的成分和温度
输出	钢液	未知重量（or fixed）(P_A)，固定的成分和温度
	炉渣	未知重量（P_L），固定的温度 固定的铁氧化物和氧化程度（$\geqslant\%Fe_I$，$(\%O_{Fe})_I$） 通过元素（Si、P 等）平衡计算全部成分
	炉气	未知重量（P_G） 平均温度和固定的二次燃烧率（PCR）

2.7.2　物料平衡方程

物料平衡方程包括铁平衡、氧平衡、气体平衡、除铁之外渣中其他元素的平衡和碱度平衡。

2.7.2.1　铁平衡

铁平衡方程如公式 2.8 所示。

$$[Fe_{Fet}\cdot P_{Fet}+Fe_{Fer}\cdot P_{Fer}+Fe_M\cdot P_M]=[Fe_A\cdot P_A+Fe_L\cdot P_L] \tag{2.8}$$

2.7.2.2　氧平衡

以 C、Mn、P、Si 元素的质量和 Q_{Mn}、Q_P 和 Q_{Si} 为基础，计算氧化其所需的氧量。公式 2.9 计算氧化 C 需要的氧量 Q_C，计算 Mn、P 和 Si 所需的氧量也是如此。

$$Q_C=0.01\cdot[C_{Fet}\cdot P_{Fet}+C_{Fer}\cdot P_{Fer}-C_A\cdot P_A] \tag{2.9}$$

考虑到通过渣的成分来估算铁氧化所需的氧气量，以及钢液中溶解氧的量，则氧平衡如公式 2.10 所示。

$$P_O+0.01O_M\cdot P_M=\left[\frac{16}{12}\cdot(1-PCR)+\frac{32}{12}\cdot PCR\right]\cdot Q_C+\frac{16}{55}\cdot Q_{Mn}+\frac{80}{60}\cdot Q_P+\frac{32}{28}\cdot Q_{Si}+0.01\cdot(O_{Fe})_M\cdot P_L+0.01O_A\cdot P_A \tag{2.10}$$

2.7.2.3　气体平衡

气体平衡方程如公式 2.11 所示，当使用 Ar、N_2 等搅拌气体时，必须加上 P_{Ar}、P_{N_2} 等。

$$P_G = [\frac{28}{12} \cdot (1 - TCS) + \frac{44}{12} \cdot (TCS)] \cdot Q_C \tag{2.11}$$

2.7.2.4　除铁之外渣中其他元素的平衡

除铁之外渣中元素平衡方程如公式 2.12 所示。

$$\frac{71}{55} \cdot Q_{Mn} + \frac{142}{62} \cdot Q_P + \frac{60}{28} \cdot Q_{Si} + 0.01CaO_{Chx} \cdot P_{Chx} = 0.01 \cdot [100 - Fe_L - (O_{Fe})_L] \cdot P_L \tag{2.12}$$

2.7.2.5　碱度平衡

如果碱度表示为 $v=CaO/SiO_2$，碱度平衡方程如公式 2.13 所示。

$$0.01 \cdot CaO_{Chx} \cdot P_{Chx} = v \cdot \frac{60}{28} \cdot Q_{Si} \tag{2.13}$$

2.7.2.6　物料和热平衡初值

物料和热平衡初值见表 2.7。

表 2.7　物料和热平衡初值

铁水成分	45%C，0.5%Mn，0.08%P，0.4%Si（即 94.52%Fe），温度为 1350℃
废钢成分	100%Fe、无铁矿石
轻烧石灰	100%CaO
钢液成分	0.05%C，0.12%Mn，0.01%P（99.73%Fe），温度为 1650℃
渣	$CaO/SiO_2=4$，铁的氧化量为 18%，温度为 1650℃
气体	PCR=0.08，在平均温度为 1500℃时抽出
热损失	65 MJ/t 钢

2.7.3　数值应用

1 t 钢进行物料，第一步计算 C、Mn、P 和 Si 氧化的重量，$Q_C=0.045P_{Fet}-0.5$，$Q_{Mn}=0.005P_{Fet}-1.2$，$Q_P=0.0008P_{Fet}-0.1$，$Q_{Si}=0.004P_{Fet}$。依据表 2.8 中 6 个热量和质量平衡方程，质量计算为 $P_{Fet}=885.3$ kg，$P_{Fer}=171.6$ kg，$P_{Chx}=30.4$ kg，$P_O=65.6$ kg，$P_A=1000$ kg，$P_L=57.2$ kg，$P_G=96.0$ kg。

表 2.8　物料与热平衡计算方程

铁平衡	$0.9452 \cdot P_{Fet}+P_{Fer}-0.18 \cdot P_L=997.30$
氧平衡	$0.0718 \cdot P_{Fet}+P_O+0.0544 \cdot P_L=1.098$
气体平衡	$0.1098 \cdot P_{Fet}-P_G=1.22$
除铁之外渣中其他元素的平衡	$0.0169 \cdot P_{Fet}+P_{Chx}-0.7606 \cdot P_L=1.778$
碱度平衡	$0.0343 \cdot P_{Fet}-P_{Chx}=0$
能量平衡	$-0.1287 \cdot P_{Fet}+1.35 \cdot P_{Fer}+1.5 \cdot P_{Chx}-5.62 \cdot P_O-0.3462 \cdot P_L=-117.2$

第3章 连铸仿真实训

3.1 连铸仿真实训系统功能简介

连铸仿真实训系统配合声音、图像、动画及互动视景设备，帮助学员熟悉连铸工艺流程。通过反复练习连铸模拟操作，缩短培训时间，有效弥补无法真实操作、实际操作连铸时容易出现事故等缺陷，达到熟能生巧、提高培训效率的目的。

如图 3.1 所示连铸仿真实训系统，根据培训内容进行虚拟处理，再现实际工作中无法观察到的连铸设备现象或设备动作的变化过程，提供生动、逼真的感性学习，通过将抽象的概念、理论直观化和形象化，解决学习中的知识难点。无论知识学习、能力创新，还是经验积累、技能训练，学员都能获得良好效果。

图 3.1　连铸仿真示意图

3.2 连铸仿真实训系统运行

3.2.1 软件运行环境

操作系统 Windows 2000/XP/2003，内存 1G，Pentium 4 CPU 3.0GHz，硬盘空间 80G，独立显卡 256MB 显存，显卡支持 Microsoft DirectX 9.0C SDK 软件。

3.2.2 软件运行

先检查所有线路是否接好，网络通信是否畅通，加密狗是否安装好，待一切正常后，再打开连铸仿真实训系统虚拟界面，然后打开连铸仿真实训系统操作界面。

3.2.3 软件运行注意事项

本系统只适合在1024×768的分辨率下运行，其他分辨率下系统运行不正常。一定要先打开虚拟界面，再打开操作界面，不然无法进行控制操作。

3.3 连铸仿真实训系统操作说明

3.3.1 虚拟设备

连铸仿真实训虚拟设备包括大包回转台、中间包车、中间包、一次切割装置、二次切割装置、去毛刺装置和引锭杆，分别如图3.2～图3.8所示。

图3.2 大包回转台

图3.3 中间包车

图3.4 中间包

图3.5 一次切割装置

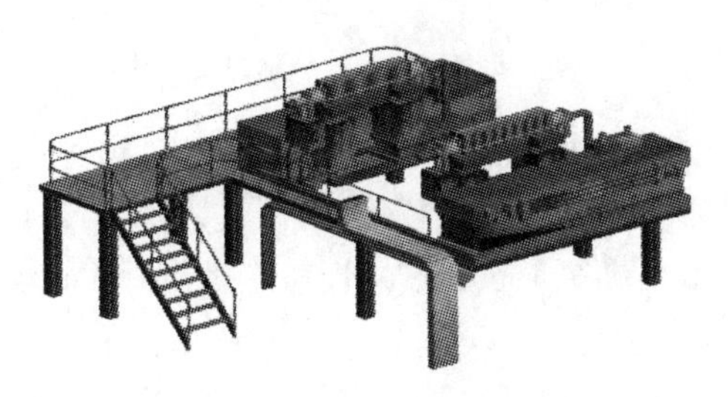

图3.6 二次切割装置

图3.7 去毛刺装置

图 3.8 引锭杆

3.3.2 虚拟界面键盘操作说明

连铸仿真实训系统虚拟界面键盘操作见表 3.1。

表 3.1 虚拟界面键盘操作

按　键	功　能
F1	视角 1
F2	视角 2
F3	视角 3
F4	视角 4
Up（↑）	视线向上
Down（↓）	视线向下
Left（←）	视线向左
Right（→）	视线向右

3.3.3 操作设备介绍

从登录系统界面登录，进入主界面后，可醒目地看到主功能的模块按钮。通过点击各界面按钮，进入不同的界面，进行相应的操作。

3.3.4 登录系统

双击执行程序的图标或者右击鼠标点击“打开”，启动本系统。输入正确的学号、姓名及密码，进入本程序。

3.3.4.1 计划选择

进入主程序后，点击【实训练习项目】⟶【炼钢项目】⟶【连铸控制】，弹出如图 3.9 所示的计划选择窗口，选择要练习的项目，点击【确定】按钮进入如图 3.10 所示的结晶器参数设置界面，设定好参数，点击【确定】按钮进入连铸主操作画面，点击【关闭】按钮退出连铸程序。

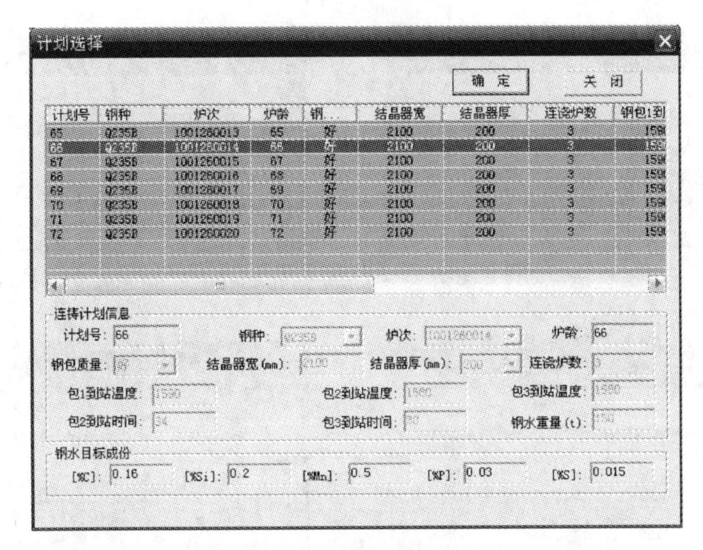

图 3.9　计划选择窗口

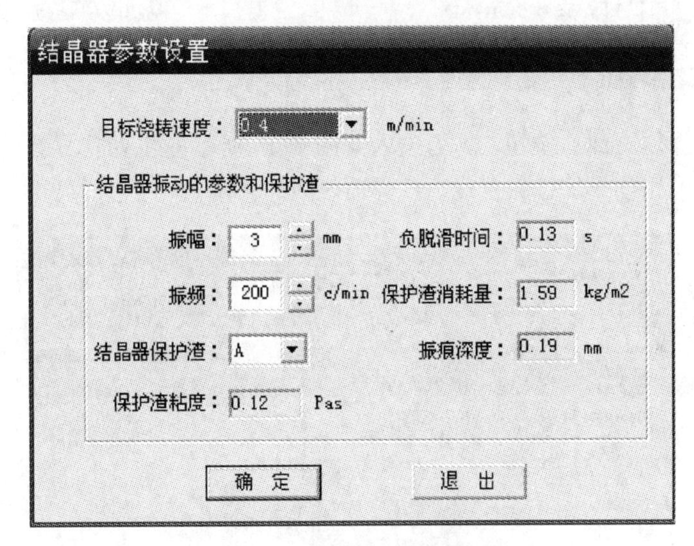

图 3.10　结晶器参数设置界面

3.3.4.2　计划选择注意事项

(1) 如果在运行可执行程序之前未打开数据库，或者网络连接有问题，则会出现如图 3.11 所示的数据库连接失败的提示，可以检查网络连接是否正确，数据库是否已经打开。

(2) 如果加密狗没有启动或配置不正确，则会出现如图 3.12 所示的加密狗读取失败的提示，点击【确定】后，程序退出。

(3) 如果手柄没有连接或连接不正确，或是所用的串口已经打开，则会出现如图 3.13 所示的串口打开失败的提示。

(4) 如果控制电机连接失败，则会出现如图 3.14 所示的错误提示，可检查网络连接是否正确。

图 3.11　数据库连接失败提示界面

图 3.12　加密狗读取失败提示界面

图 3.13　串口打开失败提示界面

图 3.14　控制电机连接失败提示界面

3.3.5　连铸操作界面

点击【主操作画面】按钮，即可进入如图 3.15 所示的主操作界面。主操作界面即为软件主界面，用顶排的按钮可进行各界面之间的切换。

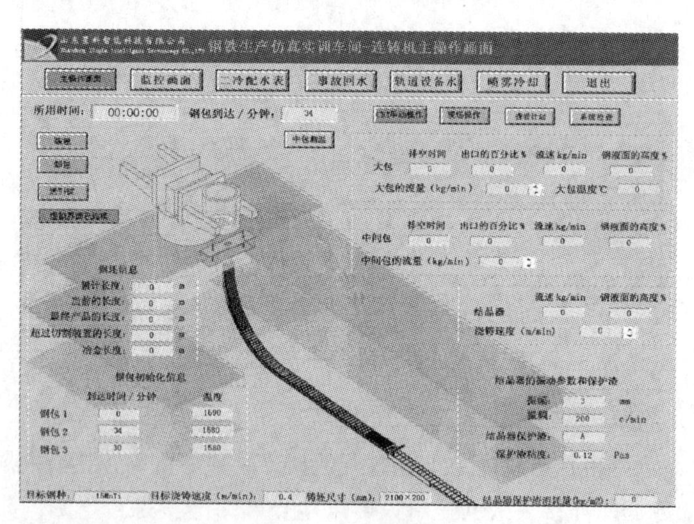

图 3.15　主操作界面

3.3.5.1　虚拟界面的连接操作

（1）虚拟界面连接中：如果虚拟界面连接中，可看到在【加热】按钮的下边，有一个为 虚拟界面连接中 的标志，如果点击此按钮，则会出现如图 3.16 所示的虚拟界面连接中的提示。

（2）虚拟界面已连接：如果虚拟界面已连接，可看到在【加热】按钮的下边，有一

个为 虚拟界面已连接 的标志，如果点击此按钮，则会出现如图 3.17 所示的虚拟界面已连接的提示。

(3) 虚拟界面未连接：如果虚拟界面未连接，可看到在【加热】按钮的下边，有一个为 虚拟界面未连接 的标志，此时可点击 虚拟界面未连接 ，进入虚拟界面连接中。如果连接一段时间后仍未连接上，则会出现如图 3.18 所示的虚拟界面连接失败的提示。点击【重试】按钮，将再次进入虚拟界面连接中；点击【取消】按钮，则不再连接虚拟界面，直到配置好环境后，自己手动点击 虚拟界面未连接 ，进行虚拟界面连接。

图 3.16 **虚拟界面连接中提示界面**

图 3.17 **虚拟界面已连接提示界面**

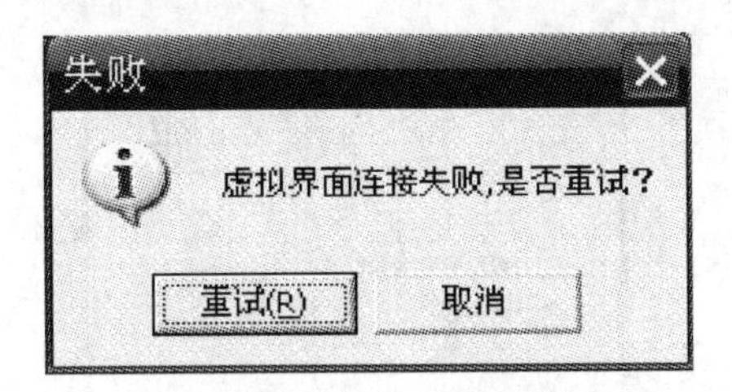

图 3.18 **虚拟界面连接失败提示界面**

3.3.5.2 系统检查

点击【系统检查】按钮，弹出如图 3.19 所示的窗口，选中要检查的项目，点击【确定】按钮，进行检查结果提交。

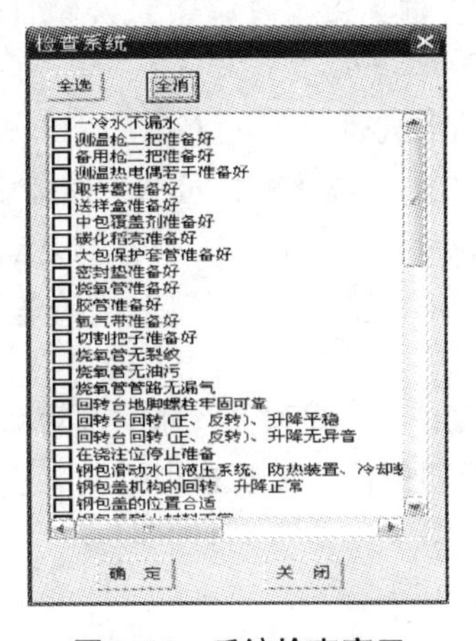

图 3.19 **系统检查窗口**

3.3.5.3 操作方式

(1) CRT手动操作：点击【CRT手动操作】按钮，【CRT手动操作】按钮为选中状态，即为绿色，则控制台上的手柄无效，只能通过界面的按钮来控制。

(2) 现场操作：点击【现场操作】按钮，【现场操作】按钮为选中状态，即为绿色，则控制台上的手柄有效，且只能通过控制台上的手柄来控制，而界面的按钮为无效状态。

3.3.5.4 流量调节

(1) 大包流量：在CRT手动操作模式中，可通过点击大包流量右边的文本框，弹出如图3.20所示的输入框，点击【确定】按钮对大包流量进行设定；也可通过调节右边的上下调节阀来进行设定，上调和下调速度都为100，整个大包流量的范围在0~10000之间。在现场操作中，通过调节大包滑动水口手柄来进行调节。

图3.20 数据输入窗口

(2) 中间包流量：在CRT手动操作模式中，可通过点击中间包流量右边的文本框，弹出如图3.21所示的输入框，点击【确定】按钮对中间包流量进行设定；也可通过调节右边的上下调节阀来进行设定，上调和下调速度都为25，整个中间包流量的范围在0~5000之间。在现场操作模式中，可通过调节中间包塞棒手柄来进行调节。

(3) 浇铸速度：在CRT手动操作模式中，可通过点击浇铸速度右边的文本框，弹出如图3.21所示的输入框，点击【确定】按钮对浇铸速度进行设定；也可通过调节右边的上下调节阀来进行设定，上调和下调速度都为0.1，浇铸速度的范围在0~1.4之间。在现场操作模式中，可通过调节铸机速度手柄来进行调节。

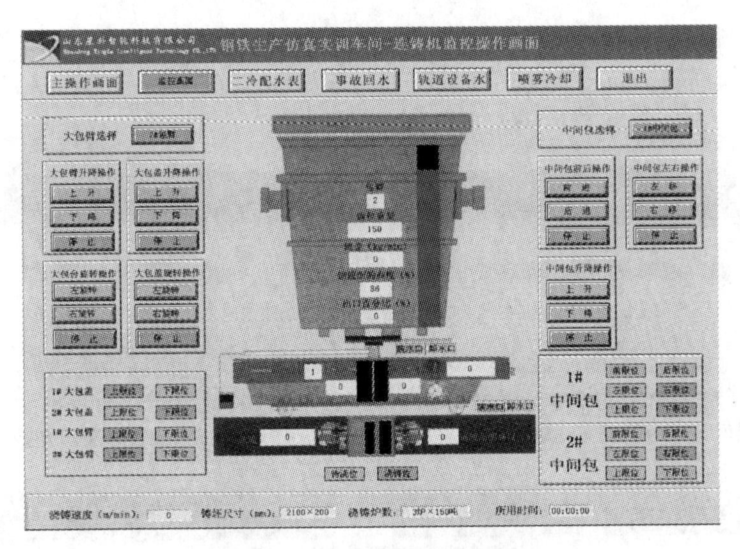

图 3.21　连铸机监控操作画面

3.3.5.5　送引锭

点击【送引锭】按钮，可进行送引锭操作。当送完引锭后，再次点击【送引锭】按钮，则会出现如图 3.22 所示的提示。

图 3.22　送过引锭杆提示界面

3.3.5.6　中间包测温

点击【中间包测温】按钮，会出现如图 3.23 所示的中间包温度窗口，可查看中间包的温度。

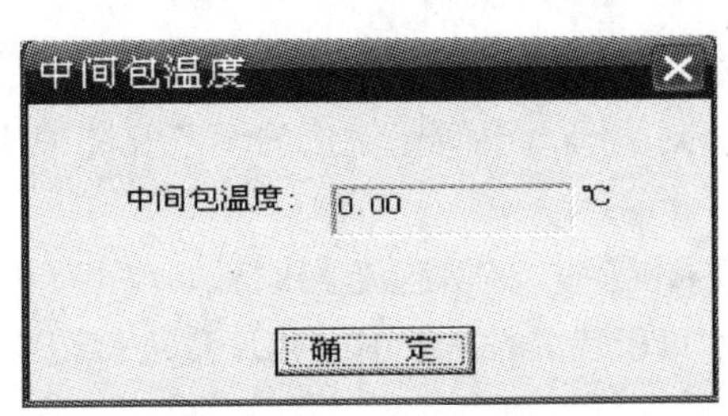

图 3.23　中间包温度窗口

3.3.5.7　装包、卸包操作

(1) 装包：点击【装包】按钮，将进行装包操作。如果此时包臂上有钢包，则会出现如图 3.24 所示的提示。如果此时大包盖在旋转中，则会出现如图 3.25 所示的提示，可等大包盖旋转结束后再进行此操作。如果此时大包台在旋转中，则会出现如图 3.26 所示的提示，可等大包台旋转结束后再进行此操作。如果出现如图 3.27 所示的提示，说明下一包未到站，可等下一包到站后再进行此操作。

图 3.24　装包操作提示界面

图 3.25　大包盖在旋转中提示界面

图 3.26　大包台在旋转中提示界面

图 3.27　钢包未到站提示界面

(2) 卸包：点击【卸包】按钮，将进行卸包操作。如果此时包臂上没有钢包，则会出现如图 3.28 所示的提示。只有在包臂上有钢包时才能进行此操作。

图 3.28　没有钢包可卸提示界面

3.3.5.8　装包、卸包操作注意事项

(1) 在现场操作中，对大包、中间包流量的调节及浇铸速度的调节都会出现如图 3.29 所示的提示。

(2) 如果在大包水口未装上时，对大包流量进行调节，则会出现如图 3.30 所示的提示。

(3) 如果在中间包水口未装上时，对中间包流量进行调节，则会出现如图 3.31 所示的提示。

(4) 如果引锭杆未到位时，对中间包流量进行调节，则会出现如图 3.32 所示的提示。

(5) 如果中间包内钢液的高度低于 40%时，对中间包流量进行调节，则会出现如图 3.33 所示的提示。

(6) 在练习模型中，如果结晶器内钢液的高度低于 85%时，对浇铸速度进行调节，则会出现如图 3.34 所示的提示。在实训模式中，如果结晶器内钢液的高度低于 85%时，对浇铸速度进行调节，则会出现如图 3.35 所示的提示。

(7) 当中间包内钢液的高度高于 90%时，将出现如图 3.36 所示的提示，以提醒及时减少大包流量，结晶器的处理相同。

(8) 当中间包内钢液的高度高于 100%时，将出现如图 3.37 所示的提示，随后程序退出，结晶器的处理相同。

(9) 如果出苗时间小于指定的出苗时间，则会出现如图 3.38 所示的提示，随后程序退出；如果出苗时间大于指定的出苗时间，则会出现如图 3.39 所示的提示。

图 3.29　**大包、中间包流量和浇铸速度调节**

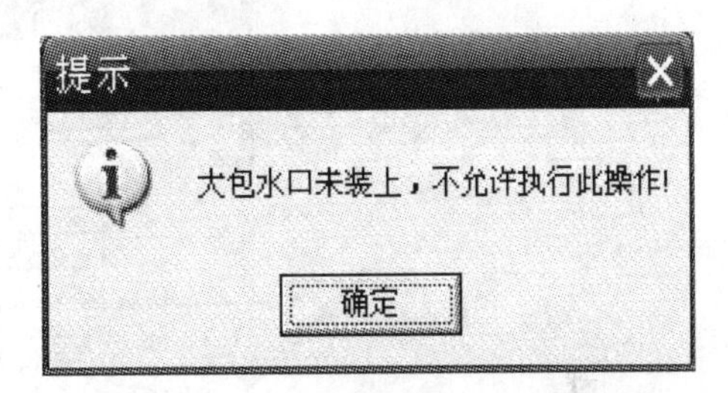

图 3.30　**大包水口未装上调节大包流量**

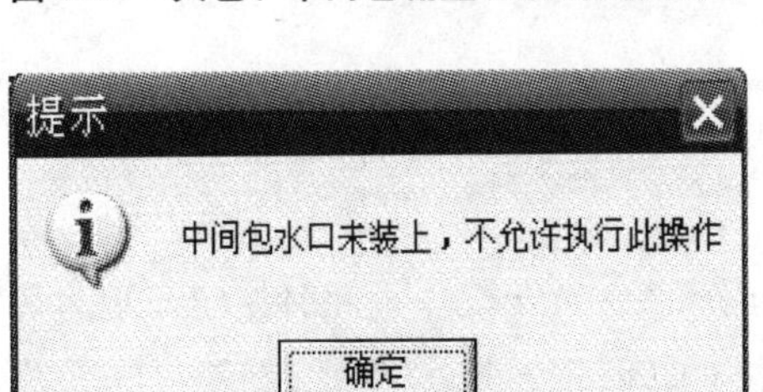

图 3.31　**中间包水口未装上调节中间包流量**

图 3.32　**引锭杆未到位调节中间包流量**

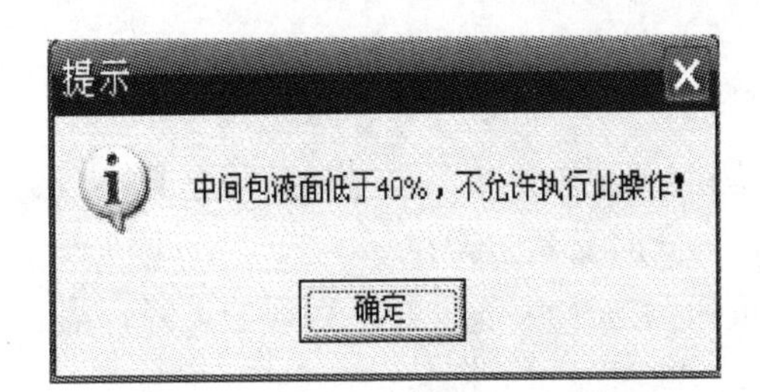

图 3.33　**中间包液位低调节中间包流量**

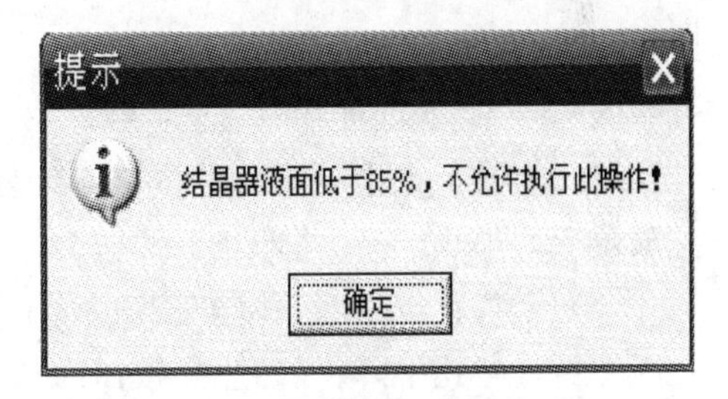

图 3.34　**结晶器液位低调节拉速**

图 3.35　**结晶器液位低起步漏钢调节拉速**

图 3.36　**中间包液位高调节大包流量**

图 3.37　中间包液位高溢钢

图 3.38　起步漏钢

图 3.39　引锭杆早脱

3.3.6　监控画面

点击【监控画面】按钮，即可进入监控画面，如图 3.21 所示。

3.3.6.1　基本操作

(1) 包臂选择：点击【1# 包臂】按钮，切换到 2# 包臂操作，此时按钮显示为 2# 包臂；点击【2# 包臂】按钮，切换到 1# 包臂操作，此时按钮显示为 1# 包臂。

(2) 中间包选择：点击【1# 中间包】按钮，切换到 2# 中间包操作，此时按钮显示为 2# 中间包；点击【2# 中间包】按钮，切换到 1# 中间包操作，此时按钮显示为 1# 中间包。

3.3.6.2　大包臂升降操作

(1) 上升：点击【上升】按钮，【上升】按钮为选中状态，大包臂开始上升，当到达限位后，停止上升，【停止】按钮为选中状态，同时显示上限位。

(2) 上降：点击【下降】按钮，【下降】按钮为选中状态，大包臂开始下降，当到达限位后，停止下降，【停止】按钮为选中状态，同时显示下限位。

(3) 停止：点击【停止】按钮，【停止】按钮为选中状态，大包臂停止上升、下降动作。

3.3.6.3　大包盖升降操作

(1) 上升：点击【上升】按钮，【上升】按钮为选中状态，大包盖开始上升，当到达限位后，停止上升，【停止】按钮为选中状态，同时显示上限位。

(2) 上降：点击【下降】按钮，【下降】按钮为选中状态，大包盖开始下降，当到达限位后，停止下降，【停止】按钮为选中状态，同时显示下限位。

(3) 停止：点击【停止】按钮，【停止】按钮为选中状态，大包盖停止上升、下降动作。

3.3.6.4　大包台旋转操作

（1）左旋转：点击【左旋转】按钮，【左旋转】按钮为选中状态，大包台开始向左旋转，当到达限位后，停止旋转，【停止】按钮为选中状态。

（2）右旋转：点击【右旋转】按钮，【右旋转】按钮为选中状态，大包台开始向右旋转，当到达限位后，停止旋转，【停止】按钮为选中状态。

（3）停止：点击【停止】按钮，【停止】按钮为选中状态，大包台停止旋转。

3.3.6.5　大包盖旋转操作

（1）左旋转：点击【左旋转】按钮，【左旋转】按钮为选中状态，大包盖开始向左旋转，当到达限位后，停止旋转，【停止】按钮为选中状态。

（2）右旋转：点击【右旋转】按钮，【右旋转】按钮为选中状态，大包盖开始向右旋转，当到达限位后，停止旋转，【停止】按钮为选中状态。

（3）停止：点击【停止】按钮，【停止】按钮为选中状态，大包盖停止旋转。

3.3.6.6　中间包前后移动操作

（1）前进：点击【前进】按钮，【前进】按钮为选中状态，中间包开始前进，当到达限位后，停止前进，【停止】按钮为选中状态。

（2）后退：点击【后退】按钮，【后退】按钮为选中状态，中间包开始后退，当到达限位后，停止后退，【停止】按钮为选中状态。

（3）停止：点击【停止】按钮，【停止】按钮为选中状态，中间包停止移动。

3.3.6.7　中间包左右移动操作

（1）左移：点击【左移】按钮，【左移】按钮为选中状态，中间包开始向左移动，当到达限位后，停止移动，【停止】按钮为选中状态。

（2）右移：点击【右移】按钮，【右移】按钮为选中状态，中间包开始向右移动，当到达限位后，停止移动，【停止】按钮为选中状态。

（3）停止：点击【停止】按钮，【停止】按钮为选中状态，中间包停止移动。

3.3.6.8　中间包升降操作

（1）上升：点击【上升】按钮，【上升】按钮为选中状态，中间包开始上升，当到达限位后，停止上升，【停止】按钮为选中状态，同时显示上限位。

（2）上降：点击【下降】按钮，【下降】按钮为选中状态，中间包开始下降，当到达限位后，停止下降，【停止】按钮为选中状态，同时显示下限位。

（3）停止：点击【停止】按钮，【停止】按钮为选中状态，中间包停止上升、下降动作。

3.3.6.9　装、卸水口操作

（1）装水口：分别点击大包、中间包的【装水口】按钮，相应的大包、中间包将进行装水口操作。

（2）卸水口：分别点击大包、中间包的【卸水口】按钮，相应的大包、中间包将进

行卸水口操作。

3.3.6.10 装、卸水口操作注意事项

(1) 如果两个大包台都不在上限位，则会出现如图 3.40 所示的提示。

(2) 如果正在浇铸中，对当前选中的大包台执行旋转操作，则会出现如图 3.41 所示的提示。

(3) 如果正在浇铸中，对当前选中的中间包执行任何操作，则会出现如图 3.42 所示的提示。

(4) 如果大包不在上限位时，对大包台执行装水口或卸水口操作，则会出现如图 3.43 所示的提示。

(5) 如果中间包不在上限位时，对中间包执行装水口或卸水口操作，则会出现如图 3.44 所示的提示。

(6) 如果在现场操作中，执行任何操作，则会出现如图 3.45 所示的提示。

(7) 如果目前不在浇铸位，给大包进行装、卸水口操作，则会出现如图 3.46 所示的提示。

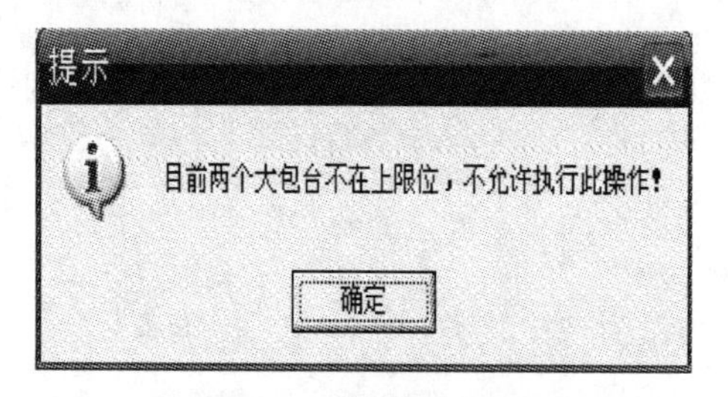

图 3.40 大包台不在上限位

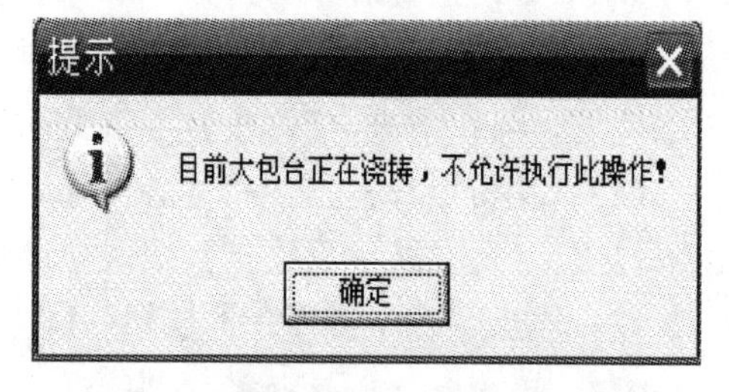

图 3.41 当前选中大包台执行旋转操作

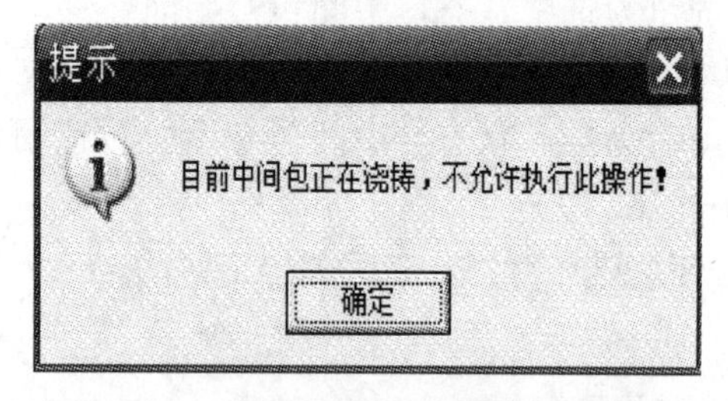

图 3.42 当前选中中间包执行任何操作

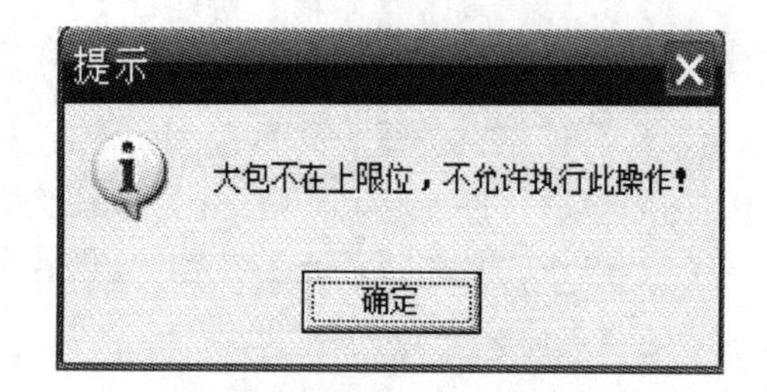

图 3.43 大包台执行装水口或卸水口操作

图 3.44 中间包执行装水口或卸水口操作

图 3.45 现场操作中执行任何操作

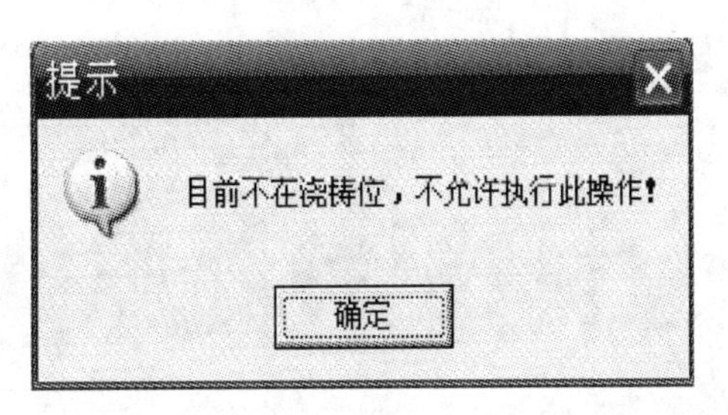

图 3.46　不在浇铸位，给大包进行装、卸水口操作

3.3.7　二冷配水表

点击【二冷配水表】按钮，即可进入如图 3.47 所示的二冷配水表操作界面。

钢铁生产仿真实训车间-连铸机二冷配水表操作画面

主操作画面　监控画面　二冷配水表　事故回水　轨道设备水　喷雾冷却　退出

	1	2	3	4	5	6	7	8	9	10	11	12	13	14	15	
浇铸速度	0.00	0.10	0.20	0.30	0.40	0.50	0.60	0.70	0.80	0.90	1.00	1.10	1.20	1.30	1.40	m/min
区域																
1N	6	6	15	23	30	38	45	52	59	66	73	80	88	88	88	l/min
1	23	23	51	78	102	126	150	174	197	223	248	274	301	301	301	l/min
2	29	29	74	116	156	195	232	268	304	340	376	412	449	449	449	l/min
3	31	31	71	122	170	217	263	308	352	395	437	479	520	520	520	l/min
4	43	43	45	82	125	165	205	244	283	321	359	397	433	433	433	l/min
5	54	54	54	54	78	115	149	182	214	246	277	309	340	340	340	l/min
6I	54	54	54	54	54	58	73	96	118	140	162	183	203	203	203	l/min
6O	70	70	70	70	70	76	96	124	154	182	210	238	264	264	264	l/min
7I	54	54	54	54	54	54	54	54	60	72	88	103	118	118	118	l/min
7O	81	81	81	81	81	81	81	81	89	108	132	155	177	177	177	l/min
8I	93	93	93	93	93	93	93	93	93	93	93	99	110	110	110	l/min
8O	158	158	158	158	158	158	158	158	158	158	158	169	188	188	188	l/min
9I	46	96	105	115	125	135	145	155	165	175	185	195	195	195	195	l/min
10I	46	96	105	115	125	135	145	155	165	175	185	195	195	195	195	l/min

修改　保存

空气

水流量	0 %	10 %	20 %	30 %	40 %	50 %	60 %	70 %	80 %	90 %	100 %	
空气压力												
区域 2-4	0.05	0.10	0.10	0.10	0.15	0.20	0.25	0.25	0.25	0.25	0.25	[MPa]
区域 5-6C	0.05	0.10	0.10	0.10	0.15	0.20	0.25	0.25	0.25	0.25	0.25	[MPa]
区域 5-8M	0.05	0.10	0.10	0.10	0.15	0.20	0.25	0.25	0.25	0.25	0.25	[MPa]
区域 9-10	0.05	0.10	0.10	0.10	0.15	0.20	0.25	0.25	0.25	0.25	0.25	[MPa]

规格 2100×200　浇铸速度 0 [m/min]　累积长度 0 [m]　当前长度 0 [m]　浇铸时间 00:00:00

图 3.47　二冷配水表操作界面

3.3.7.1　二冷配水设置

（1）修改：点击【修改】按钮，即切换到修改状态，【修改】按钮变为【取消】按钮，这时二冷配水中的值可以进行修改。

（2）取消：点击【取消】按钮，即切换到显示状态，【取消】按钮变为【修改】按钮，这时所做的修改将无效。

（3）保存：点击【保存】按钮，即切换到显示状态，【取消】按钮变为【修改】按钮，这时所做的修改才会生效。

3.3.7.2　喷雾冷却

点击【喷雾冷却】按钮，即可进入如图 3.48 所示的喷雾冷却操作界面。

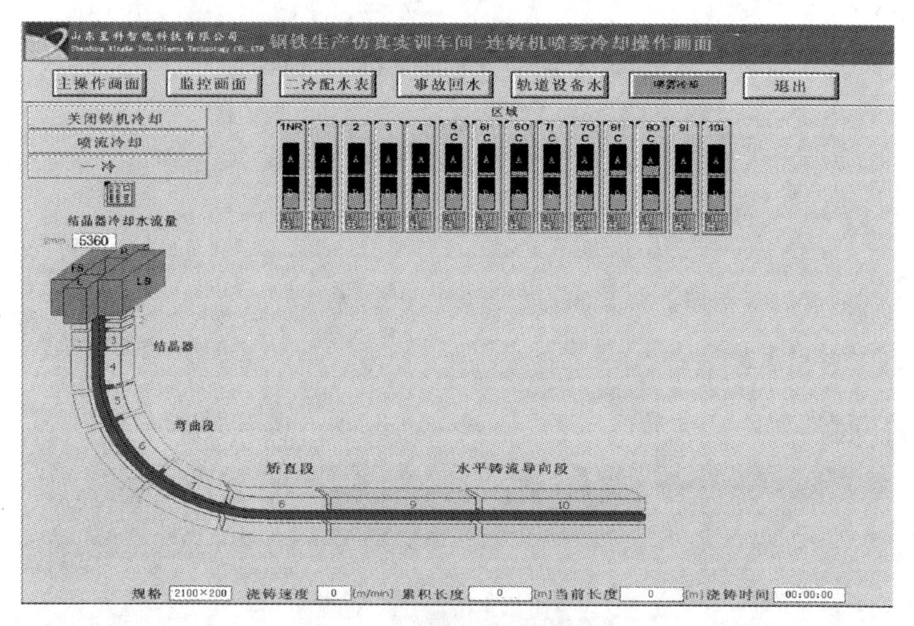

图 3.48　**喷雾冷却操作界面**

3.3.8　事故回水

点击【事故回水】按钮，即可进入如图 3.49 所示的事故回水操作界面。

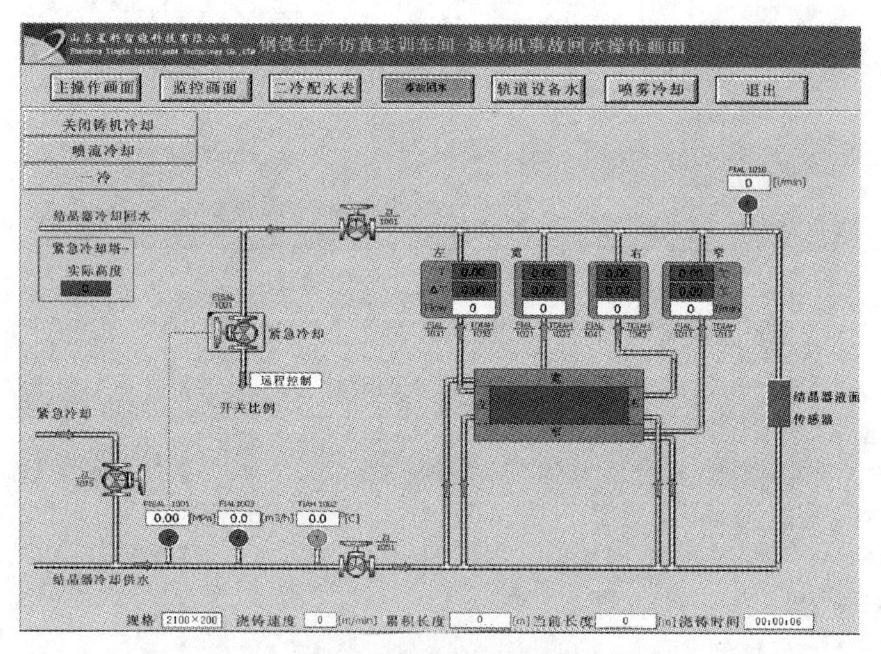

图 3.49　**事故回水操作界面**

3.3.9　轨道设备水

点击【轨道设备水】按钮，即可进入如图 3.50 所示的轨道设备水操作界面。

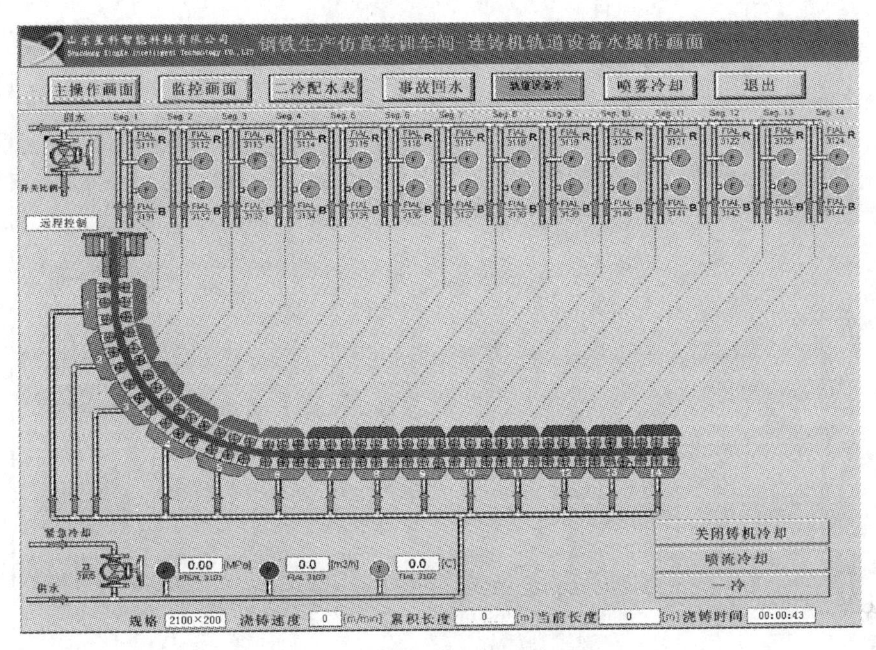

图 3.50　轨道设备水操作界面

3.3.10　退出

点击【退出】按钮，则会出现如图 3.51 所示的提示。点击【确定】按钮，退出程序；点击【取消】按钮，则继续运行程序。

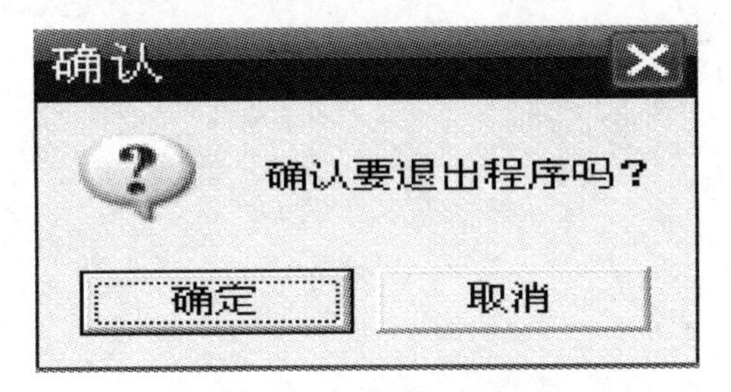

图 3.51　退出程序提示界面

3.3.11　连铸机动态轻压下仿真系统

3.3.11.1　浇铸过程数据采集界面

点击【浇铸过程数据采集】按钮，即可进入如图 3.52 所示的主操作界面。上面显示连铸中的数据信息，如钢种、二冷区各段流量、拉速、温度等，这些数据显示的为连铸中的数据。取消显示过程数据的复选框，则不显示过程数据，即界面变为如图 3.53 所示的界面。

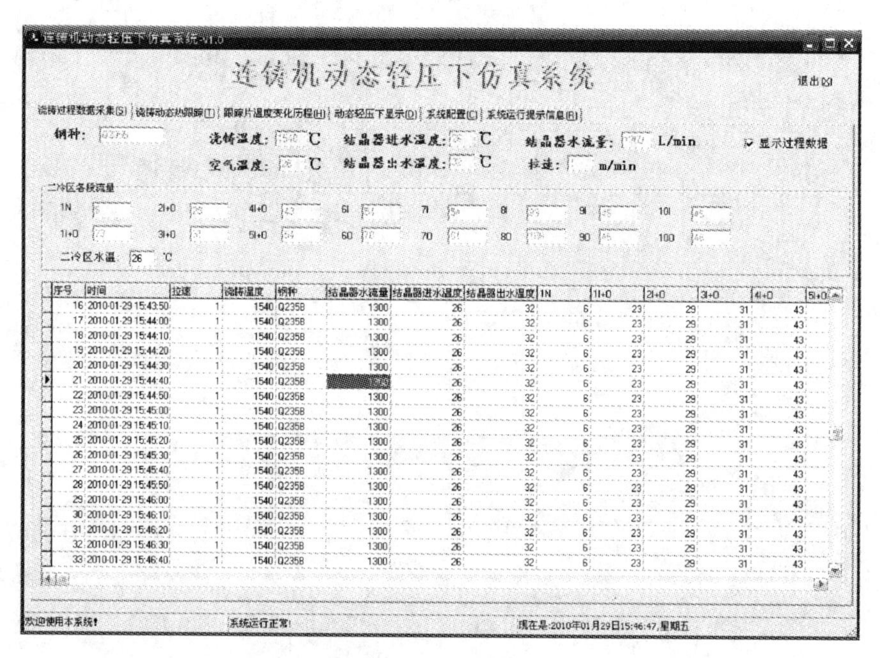

图 3.52　主操作界面

图 3.53　取消复选框界面

3.3.11.2　浇铸动态热跟踪界面

点击【浇铸动态热跟踪】按钮，即可进入如图 3.54 所示的浇铸动态热跟踪界面。

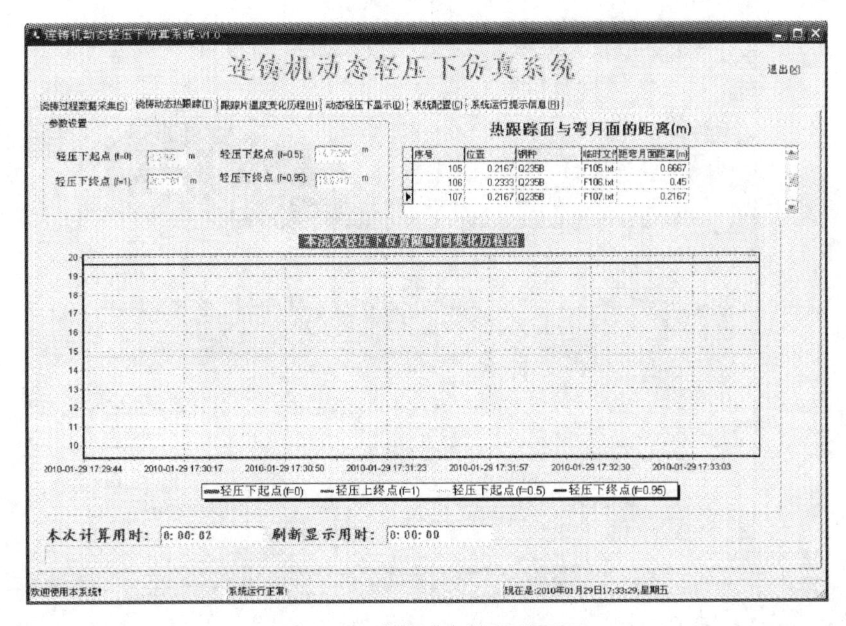

图 3.54　**浇铸动态热跟踪界面**

3.3.11.3　跟踪片温度变化历程界面

点击【跟踪片温度变化历程】按钮，即可进入如图 3.55 所示的跟踪片温度变化历程界面。本界面主要显示各点的温度变化趋势。

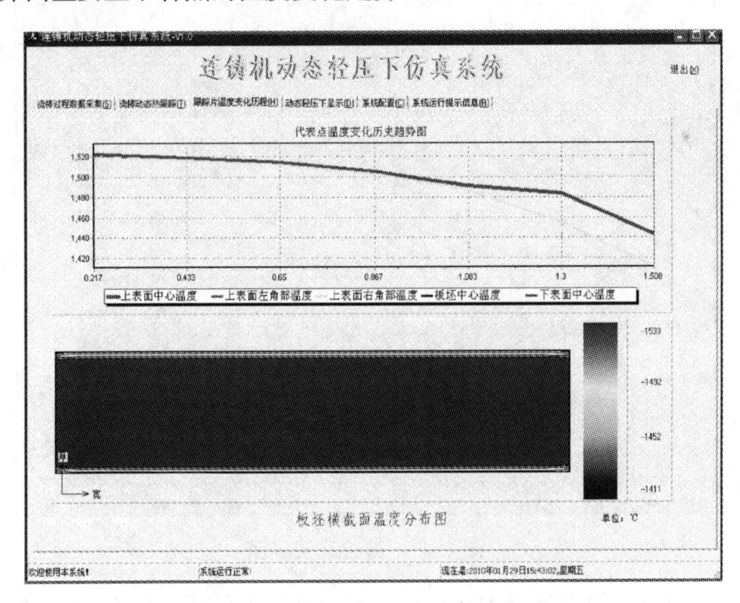

图 3.55　**跟踪片温度变化历程界面**

3.3.11.4　动态轻压下显示界面

点击【动态轻压下显示】按钮，即可进入如图 3.56 所示的动态轻压下显示界面。本界面显示凝固壳的厚度沿铸坯长度的变化情况，可在“开始位置”与“结束位置”下拉列表中选取某段位置的坯壳厚度。

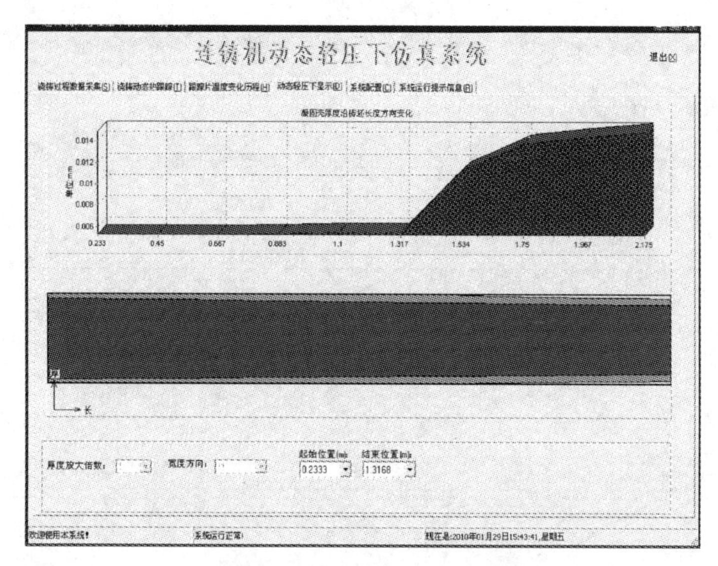

图 3.56　**动态轻压下显示界面**

3.3.11.5　系统配置界面

点击【系统配置界面】按钮，即可进入如图 3.57 所示的系统配置界面。可在本界面中配置哪些信息显示，哪些信息不显示。

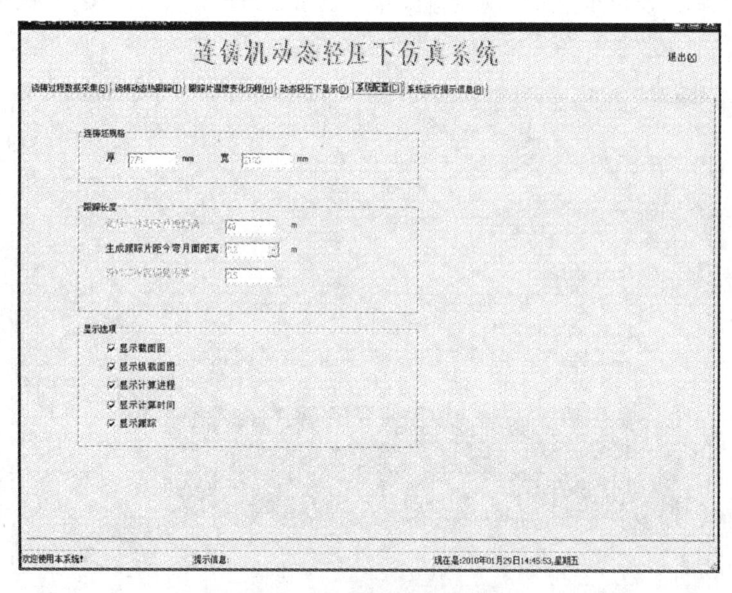

图 3.57　**系统配置界面**

3.3.11.6　系统运行提示信息界面

点击【系统运行提示信息】按钮，即可进入如图 3.58 所示的系统运行提示信息界面。该界面显示系统的运行状态，可点击【清空表】按钮，对显示的操作记录进行清空。

图 3.58　系统运行提示信息界面

3.4　连铸仿真实训操作流程

3.4.1　登录

双击可执行程序的图标或者右击鼠标点击“打开”，启动本系统。输入正确的学号、姓名及密码，进入本程序。

3.4.2　准备工作

确认虚拟界面已连接，打开连铸机动态轻压下仿真系统，点击【系统检查】按钮，进行系统检查，检查完毕，点击【送引锭】按钮，先将引锭杆送过去。切换到监控画面中，分别将两个大包台上升到上限位，再将中间包移动到工作位上，将中间包上升到位，把中间包水口装上，再下降到浇铸位。将大包台进行旋转，将带有钢包的包臂旋转到工作位，下降包盖，将包盖进行旋转，保证将大包盖好，再把大包水口装上。

3.4.3　开浇操作

大包水口装好后，下降大包臂，设定大包的流量，打开大包的滑动水口。根据需要设定大包的流量。等中间包中液面达到 40％时，中间包可开浇，根据需要设定中间包的流量（注意出苗时间），等结晶器液面达到 85％时，结晶器进行开浇操作。

3.4.4　换包操作

本程序模拟三包连浇，当一包浇铸完成后进行换包操作，先将下一个钢包装到大包台上，再进行旋转操作，将已经浇铸完成的空钢包卸载掉，进行新一轮浇铸操作。

3.4.5 连铸结束

当三包都浇铸完成后，会出现如图 3.59 所示的提示。点击【是】按钮，退出程序；点击【否】按钮，开始新的计划。

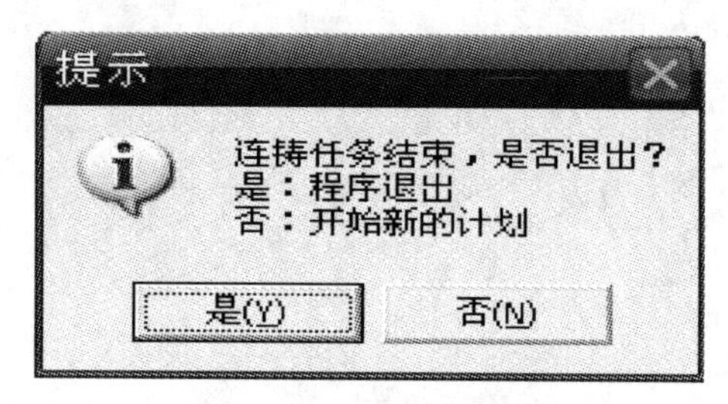

图 3.59 浇铸结束提示界面

参考文献

[1] Fruehan R J，United States Steel Co.，American Society for Metals，et al. The Making，Shaping and Treating of Steel：Steel Making and Refining [M]. 11th ed. Pittsburgh：The AISE Steel Foundation，1998.

[2] 王筱留. 钢铁冶金学：炼铁部分 [M]. 北京：冶金工业出版社，2004.

[3] 徐文派. 转炉炼钢学 [M]. 北京：冶金工业出版社，1988.

[4] 戴云阁，李文秀，龙腾春. 现代转炉炼钢 [M]. 沈阳：东北大学出版社，1998.